Decoding Life
生命解碼

啟航宇宙尋根之旅

林文欣／著

從量子物理、數學演算，
探索人類意識創造宇宙的生命真相

八方出版

FOREWORD 推薦序

名人推薦

★台灣 Totalife 創辦人、《基因瘦身法》作者 孫崇發博士

當你看了這本書，你就會更清楚，科學的發展從宏觀到微觀的量子力學，慢慢揭開了宗教靈魂的神祕面紗及宇宙數據庫的應用，更了解「生命的目的是成長，生活的意義是體驗」。

★曾任台新投信總經理及現任多家上市櫃公司獨立董事 沈文成

作者博覽群書，從物理學及生命科學等相關理論，旁徵博引，演繹出對生命、哲學及宗教的探索。將宇宙比擬成宇宙大數據庫，並透過全像宇宙投影理論呈現真實的物質世界，而個人的數據庫則儲存了每一世的人生經驗值，這些累世的資訊就是潛意識的來源，深深影響每個人的每一世。全書充滿豐富的想像力，彷彿進入超時空，震撼力十足，值得讀者細細品味。

★台塑企業亞太投資公司與亞朔開發公司總經理 丘崇德

作者在大學時已是班上的哲學家及思想家，他絕頂聰明，富有想像力。多年來努力鑽研量子力學，在大家的期盼下，終於出書了。在本書中，他透過量子力學與佛法的相互印證，試圖解開宇宙與人生的奧妙，此二者理論皆認為宇宙是建立在唯心（識）論之上。三界唯心，萬法唯識。心善則成淨土，心惡則造地獄。三界萬法皆是緣起，緣起則性空，性空則不著，不著則證入空性，即得解脫矣！期待看過此書的朋友都能知了其中的深奧理論，啟發內心的智慧，面對生命中的苦難，消除煩惱與妄想，進而追求幸福美滿的人生。

★美國俄亥俄州立大學工程管理博士
關心老一代機器人應用技術（北京）有限公司 CEO 李寶民

作者是我一生的良師益友，就像這本《生命解碼》一樣，永遠會激發起我們對真相、真理與生命的思考。

量子力學主要是在研究微觀粒子的運動規律，它與相對論一起構成現代物理學的理論基礎。那麼，到底什麼是量子計算，其實，不要說你們看不懂，就連量子概念的提出者普朗克可能也搞不太懂，自從普朗克提出量子這一概念以來，經愛因斯坦、德布羅意、海森堡、薛定鄂、狄拉克、波恩等人的完善，也只是初步建立了量子力學理論體系而已。

但作者用一種由淺入深的方式帶我們進入量子的世界，帶領我們一同進入宇宙尋根之旅、意識創造宇宙之旅、和靈魂輪迴之旅。作者為我們解

釋宇宙到底是什麼？我們為什麼而存在？或者說我們存在的意義是什麼？最後，我們將會了解作者所言的正確的人生態度：

“人生是過程，是一場不斷遇見最美自己的旅程，
所以，要勇於不斷嘗試體驗，不要預設立場，
有時，錯誤才能確認真正的成功，
有時，意外人生才是人生關鍵，
然後，以平靜的心，去接受所有不管是成功或是失敗的結果。”

★資深媒體人、《人生的旅行存摺》作者邱一新 極力推薦

PREFACE

導言

生命解碼三部曲

德國哲學家康德有一句名言：「有兩樣東西，我們越是常久的思索，它們就越使心靈充滿與日俱增的敬畏和景仰；這就是我們頭頂的星空和心中的道德法則。」康德認為上帝存在及靈魂不死，那麼上帝存在嗎？靈魂存在嗎？

作為全球「額外維（第五維）」理論最具權威的物理學家，曾登上《時代》雜誌 100 名最有影響力人物之一，哈佛美女教授麗莎・藍道爾（Lisa Rundall)。她有次在哈佛大學實驗室裡做實驗時，有幾個微粒子忽然莫名其妙的消失，此後她就依據 Kaluza-Klein 模型[1] 大膽認為：「這些微粒子離奇的消失，應該是跑進宇宙的另一個空間裡，那是一個我們看不到的額外維空間。」因為額外維理論大膽挑戰了現有大家熟悉的愛因斯坦四維空間，立刻引起了全球物理學界的注意。

2010 年 5 月 3 日下午，藍道爾在媒體上宣稱，她聯合幾位全球著名的瀕死經驗專家，如美國著名心理學家雷蒙德・穆迪（Raymond Moody）

1. Kaluza–Klein theory，又簡稱為 KK theory，由數學家卡魯扎（Kaluza）於 1921 年所發表。他將廣義相對論推廣到五維的時空。

博士、康乃狄克大學心理學教授肯尼斯·林（Kenneth Ring）博士、荷蘭 Rijnstate 醫院心血管中心的沛姆·凡·拉曼爾（Pim Van Lommel）醫生、英國著名外科醫生山姆·帕尼爾（Sam Parnia）博士等，以及弦理論創始人之一的美國著名物理學家約翰·施威格（John Swegle），對於靈魂存在的科學研究，在經過 9 年的嚴謹及無數次的試驗後，目前已經取得許多重大的突破性進展，很快就要使用強子對撞機來重現宇宙大爆炸時的情形。藍道爾認為還有另一個神祕空間和世界的存在。

20 世紀初，在法國有一位世襲公爵且家族富有的年輕人，他原來是學歷史的。1911 年，第一屆索爾維會議成立時，當時的世界一流物理學家如愛因斯坦、普朗克、居里夫人等人，幾乎都參加並展開激烈的學術論戰。他哥哥身為會議的秘書，常把大會的討論資料帶回家，這位年輕人無意中閱讀後，竟然對物理學產生濃厚的興趣。不久，他就改學物理學，並且還拜一派宗師朗之萬（Paul Langevin）為導師，在他手下攻讀理論物理博士學位。

在寫論文時，量子力學之父普朗克及愛因斯坦那些人，一直在宣揚「光波也是粒子」的論點，進而觸動了他的博士論文靈感：「如果波動性的光具有粒子性，那麼粒子性的電子應該也具有波動性吧？」1924 年 11 月，這位年輕人發表了他的博士論文，論文題目是《量子理論的研究》，主要論點只有一點：「既然波可以是粒子，那麼反過來粒子也可以是波。」意思是具有粒子特性的電子、中子及質子也可以具有能量形式的波。

1927 年，通過電子衍射實驗證實了電子確實具有波動性。至此這位名叫德布羅意（Louis de Broglie）的博士論文，讓他獲得 1929 年的諾貝爾物理學獎，歷史上唯一用博士論文得到諾貝爾獎的人。

在德布羅意一炮而紅的同時，人類終於認識到：所有的物質，不管是

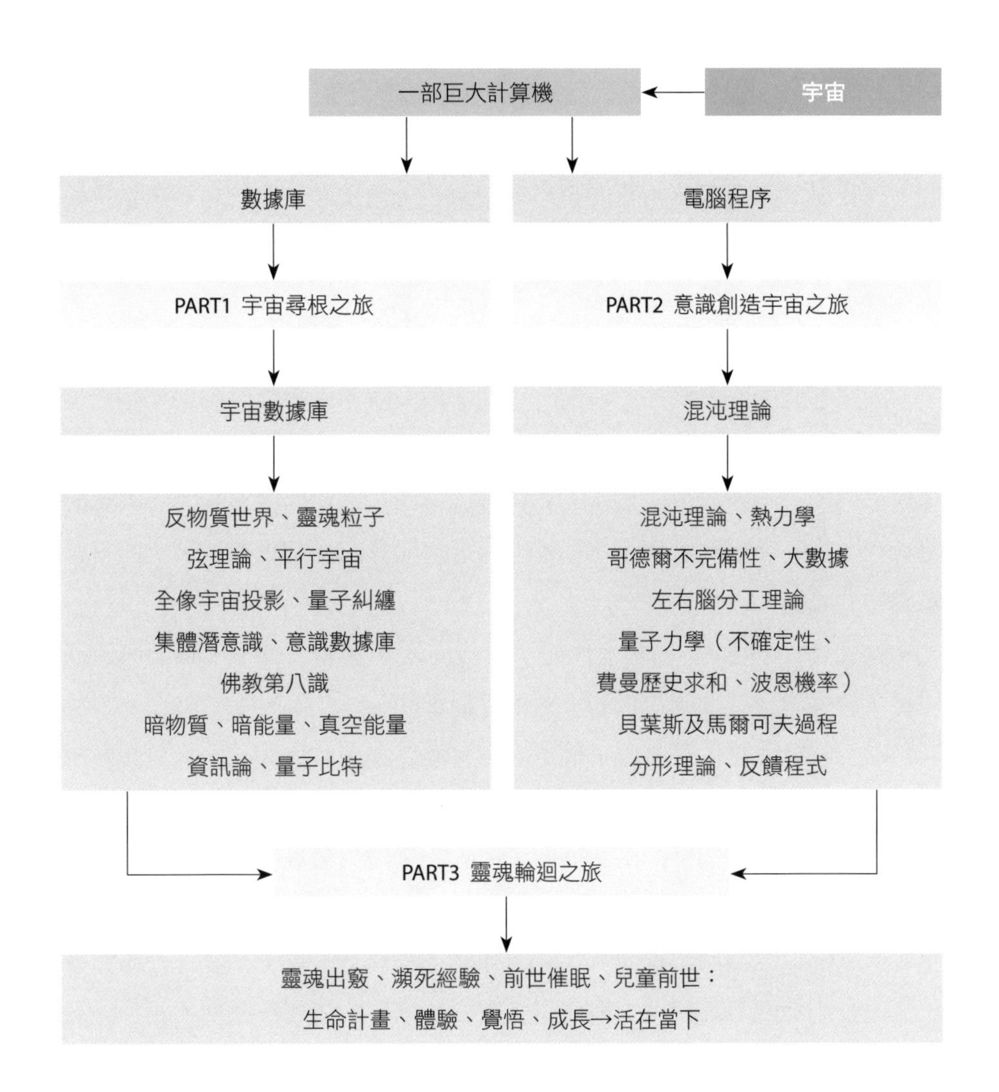
一部巨大計算機
宇宙
數據庫
電腦程序
PART1 宇宙尋根之旅
PART2 意識創造宇宙之旅
宇宙數據庫
混沌理論
反物質世界、靈魂粒子
弦理論、平行宇宙
全像宇宙投影、量子糾纏
集體潛意識、意識數據庫
佛教第八識
暗物質、暗能量、真空能量
資訊論、量子比特
混沌理論、熱力學
哥德爾不完備性、大數據
左右腦分工理論
量子力學（不確定性、
費曼歷史求和、波恩機率）
貝葉斯及馬爾可夫過程
分形理論、反饋程式
PART3 靈魂輪迴之旅
靈魂出竅、瀕死經驗、前世催眠、兒童前世：
生命計畫、體驗、覺悟、成長→活在當下

光還是電子、中子及質子，都有兩個身分，既是看得見的粒子，也是看不見的能量形式的波。

這是人類史上第一次證實了宇宙存在兩個空間，一個是我們這個現實（物質）世界，是由所有看得見的粒子所組成的，但這些粒子的背後，卻又是一種存在於另一個空間的能量形式的波，而那個我們看不見的另一空間，其實是儲存著宇宙所有能量形式的東西，也就是宇宙的萬事萬物及產生萬事萬物的生命意識——靈魂，而我們這個世界只是它的投影而已。這也難怪電子既是粒子又是波。

人工智慧的「大數據」浪潮，正在席捲及改變人類文明的未來生活，本書第一部分：宇宙尋根之旅，將帶領各位讀者，跟隨著人類最偉大的物理學家們，一路找到生命意識的「大數據」庫，這個隱藏在我們看不到的另一空間裡的宇宙數據庫，在那裡儲存著生命意識從創世紀以來，所有萬事萬物的資訊。

到了 20 世紀中，物理學家想了解具有粒子實體的電子，是如何通過雙縫？於是做了這項劃時代的「電子雙縫實驗」。

電子雙縫實驗，是將電子槍，向帶有兩條狹縫的擋板，一次只發射一個電子，然後射向螢幕上。

實驗開始：一個一個電子陸續發射，當發射少量電子時，螢幕顯示電子只是以隨機方式出現在螢幕上，如圖的 b 及 c ，但是當你發射數萬個電子後，螢幕上竟然出現跟光波一模一樣的干涉條紋，如圖 d 及 e，顯然電子在出發與到達時是粒子，但在空間中卻是以波的型態在移動。

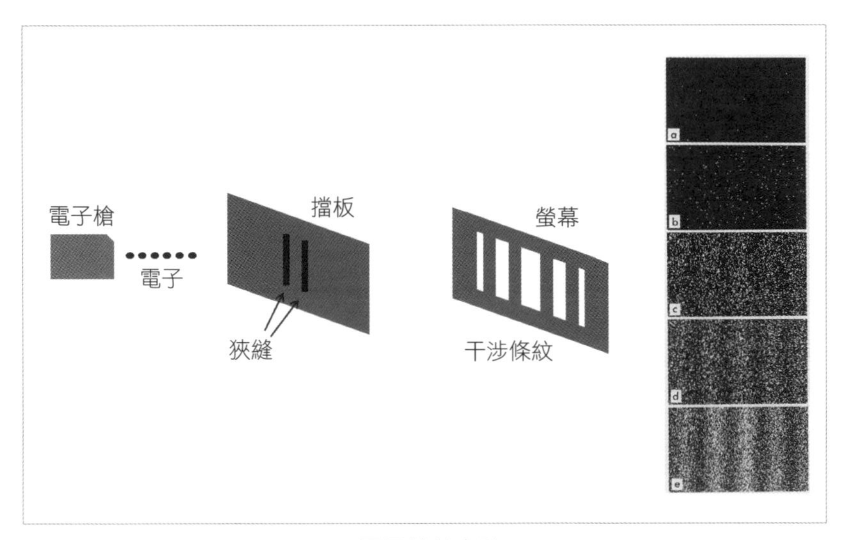

▲ 電子雙縫實驗。
（右圖出處：Dr.Tonomura團隊做電子雙縫實驗得到的干涉圖樣。）

這個實驗震驚了所有人，電子這個公認的實體粒子在實驗中，竟然是以看不到的波動形式通過雙縫，也就是說基本粒子居然是看不到且沒有實體的。然而這還不是最嚇人的，當科學家繼續試驗，安裝了探測器，企圖觀察電子是怎麼通過兩個縫隙時，它竟然又變成看得到的實體粒子，再也看不到干涉條紋，而是實體粒子的雙線條紋。

這個實驗說明：**電子你不觀察它時，它是看不到且沒有實體的波，只有當你觀察它時，才變成看得到的實體粒子。也就是說宇宙原本是不存在的，只有當觀察者在觀察的那一瞬間時，宇宙（物質世界）才會一躍而出。**

簡單的說：

沒有意識就沒有物質，

是你的意識創造了宇宙，

量子力學是建立在不可驗證的唯心論之上。

這時，實驗的最高潮就是：「是你的意識將看不到且沒有實體的波，變成看得到的實體粒子。」此時量子力學已經把哲學及宗教全捲進來。

本書的第二部分：意識創造宇宙之旅，將引領各位讀者，追隨著人類最偉大的數學家們，一路找到「意識創造宇宙」的數學規律。

我們眼前每分每秒的每個瞬間所看到的現實世界（宇宙），都是由你的每分每秒的瞬間念頭所創造的，也就是**意識創造宇宙（物質世界）**。而且這些瞬間念頭產生的萬事萬物的資訊都不會消散，而是**以能量形式儲存在另一個高維度空間的大數據庫裡**。而我們的物質世界，實際上只是從「高維度空間」的「二維資訊碼」投影到我們這個物質世界的一幅「三維全像圖」而已，而大腦只是一部宇宙投影的接收螢幕，這個物理理論稱為「**全像宇宙投影**」。

在這些科學理論的背後，在在都顯示是一種資訊的電腦程序，已經有越來越多的科學家認為**宇宙是一部巨大計算機，萬物皆為資訊位元 bit**，我們是活在電腦模擬的世界裡。發明黑洞一詞的物理學家約翰・惠勒

（John Archibald Wheeler）就說：「**萬物源自比特（It from Bit）**」，也就是「任何事物的任何粒子及任何力場，甚至時空連續統本身」都是源自於資訊。因此，整個宇宙可以被看作是一台巨大的計算機。所謂的天道，指的應該就是一種電腦程序及數學方程式。

然後你會發現，生命的核心是資訊，宇宙是被資訊所涵蓋著，宇宙其實就是一個資訊世界，人類唯一的任務就是對「經驗值」資訊的創造、儲存、複製、傳送、分享與運用。人類從混沌原始時代一路發展到高度文明時代，就是依賴「資訊」的不斷累積增長及充分運用。另一個空間的大數據庫，就儲存著人類從創世紀開始以來就不斷產生及儲存的意識資訊，這些**意識資訊又稱為「潛意識」或是「經驗值」，佛教則稱為「業」**，它是人類的集體智慧、個性與天賦的來源、直覺與靈感的源頭及預知的根源。

我們也有充分的理由相信，**意識創造宇宙的基本原理與人工智慧的發展，幾乎快接近。生命本身就是一種演算法，也是一種不斷處理數據的過程，人類的大數據資訊就在另一個我們看不到的高維度空間，我稱為宇宙數據庫，而人工智慧則是它能連接到的全球網路數據庫。**

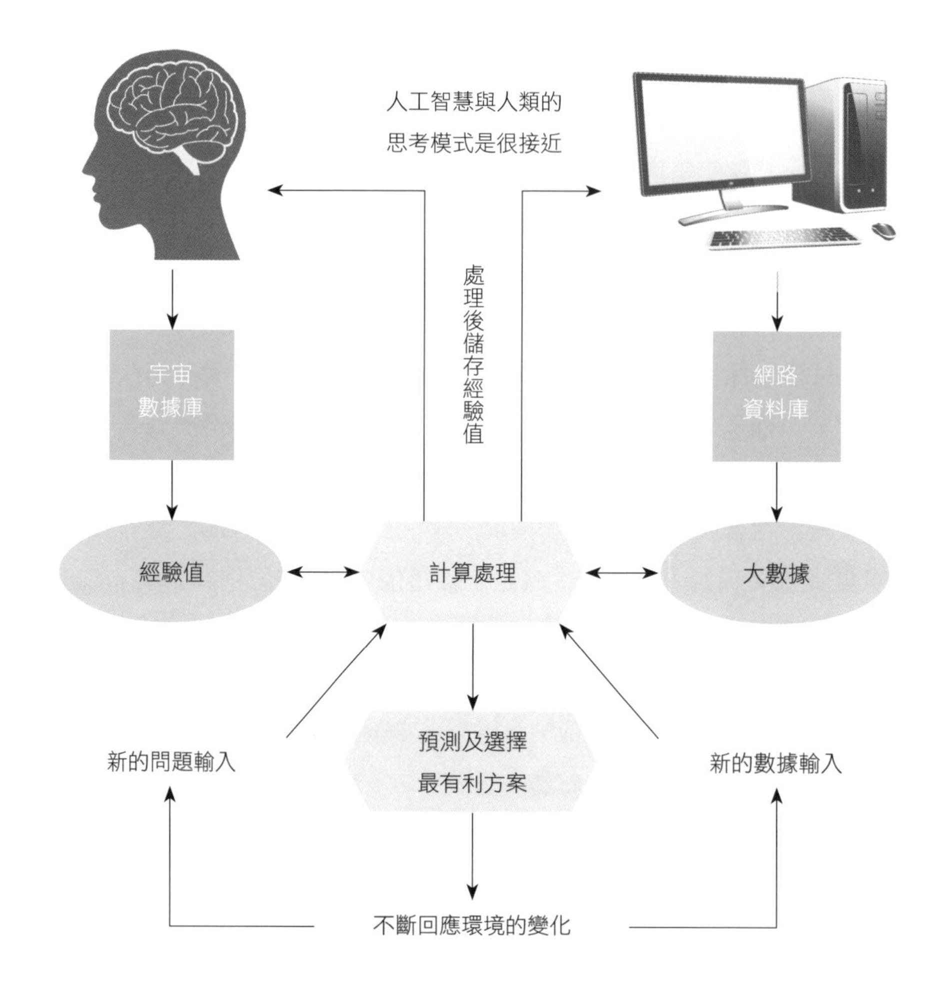

在 20 世紀 70 年代，物理學家對黑洞的熱力學現象發生了許多質疑，他們認為如果被黑洞吞噬的物體，連它所攜帶的「資訊」都永遠消失，那就違反量子力學的資訊不滅定理，也就是所謂的「黑洞資訊駁論」。同時，黑洞吞噬物體並讓自身質量增加後，如果它的熵值沒有相對應增加，那就違反熱力學第二定律。

後來，史蒂芬・霍金（Stephen William Hawking）提出黑洞「霍金蒸發及射線」理論，該理論最後確定宇宙數據庫裡的二維資訊碼（意識資訊）是永遠不會消失的。簡單的說：**當物體進入黑洞時，物體（投影的三維）會被摧毀，但是物體的二維資訊碼，還是存在，而且是散落在黑洞的四周。**

所以說，宇宙所有發生過的萬事萬物的記錄，或稱資訊，或稱記憶，或稱經驗值，都是以能量形式儲存在宇宙數據庫裡。**依據能量或資訊守恆定理，這些能量或資訊是永遠不會消失的，也就是說靈魂是不滅的。**

本書的第三部分：靈魂輪迴之旅，將帶領各位讀者，跟著走在時代前端的醫學博士們，運用前世催眠、瀕死經驗及兒童前世記憶等科學研究方法，去探索另一個我們無法驗證的靈魂能量世界。

從這些輪迴轉世的文獻中，可以發現有種規律的模式：不斷輪迴是為了學習成長與更新前世的無知，而重生在另一個新的肉身之中。

我們在投胎前，都會擬定一個**轉世的生命計畫（願力）**，會依靈魂的自由意志來擬訂計畫細節，包括計畫想投胎到那裡，想遇見那些人，想碰到什麼困境來體驗道理，想碰見那些靈魂伴侶，想補償那些虧欠的人，想……等等。並且選擇不同的執行模式，如簡單、適中或困難模式，然後全部輸入到宇宙電腦裡，等你投胎之後，宇宙電腦就會依據你的時程計畫一一的安排執行，所以你今生遇到的人、遇到的事情，都是有道理的。生命計畫的時程安排好並不代表會全部照計畫走，因為**願力**只是其中一股力量，另外大腦的**業力**與物質世界隨機變化的**無常力**，這兩股力量也非常強大，所以持續修行及生活簡單以減少外來干擾，都有助於生命計畫的圓滿達成。

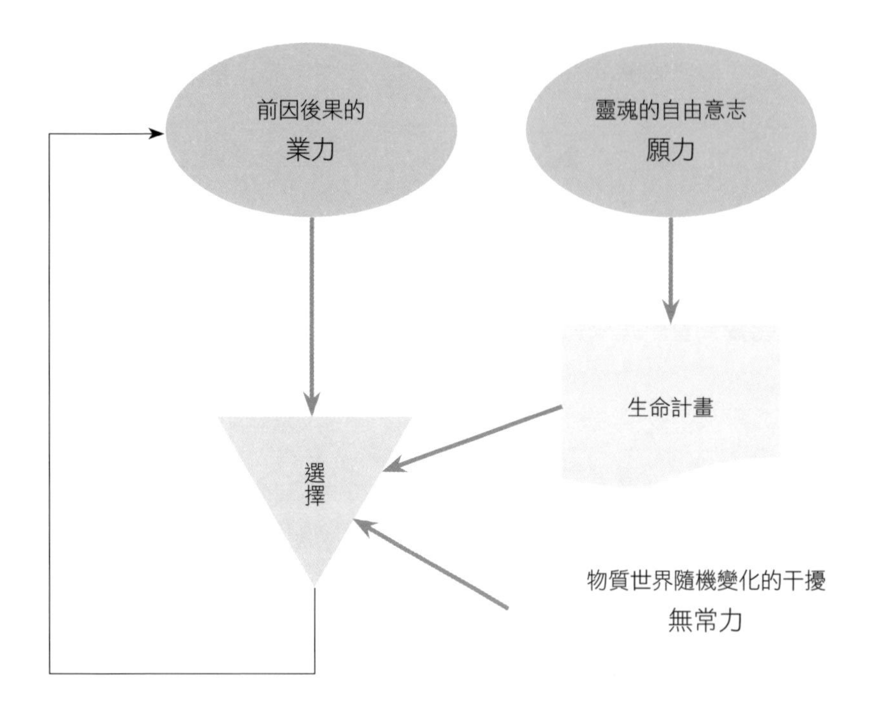

▲推動命運的三股力量

因此寂靜法師說：

我們不是偶然才來到這個世界的，是主動想來的，是為了繼續前世偉大、美好及無私的使命而來的，是想通過各種苦樂順逆的體驗來歷練自己而來的，並由此完善、成長和向上提升。

所以，人生是過程，是一場不斷遇見最美自己的旅程，而這一切都是自己的安排。

最後，當各位讀者看完本書，相信你對宇宙、生命及你的存在意義，將會比別人更加了解、更加透徹。通過了解這一切的生命真相，相信你會認為及贊成，生命的成功衡量標準，絕不是「財富值」，而是你的「**體驗值**」，因為你的背後，在另一個空間有自創世紀以來屬於你自己的大數據庫，這個大數據庫儲存著你每一世的「體驗值」，物理學家稱為「二維資訊碼」，而它只儲存著有意義的資訊及會自動刪除垃圾資訊，而那些你生前擁有的一切財富及名位，都是帶不走的。這些累世的資訊，又稱「**潛意識**」或是「**經驗值**」，佛教稱為「**業**」，則會一直深深影響你的每一世，牽動你的每一個選擇與決定，尤其是現在。

生命的目的是成長，生活的意義是體驗，也就是活在當下。

生命大數據是在另一空間，也可稱為精神世界。在這個看不見又無法驗證的空間裡，有一種存在形式，稱為靈魂（本體或識神），但是對於靈魂的定義，世界各宗教民族，解釋不一。精神世界內含本體（超意識或無意識）及依本體而憑空產生的經驗值資訊（一種記憶資訊，佛教稱業，心理學家稱潛意識）。西方的靈魂是指本體或是佛教所說的識神，佛教則分「沒有本體只有業」、「有許多本體及業」、「只有一個本體（母體）及業」等三派。我所指的靈魂則是通稱，而不特別限制某種說法。至於另一空間的定義，也只是相對的概念，因為另一空間有可能是整個涵蓋住我們這個現實世界，有可能來自遙遠的宇宙邊緣，也有可能綣縮至非常細微，我們無法得知。

CONTENTS 目錄

PART 2 意識創造宇宙之旅：找到意識創造宇宙的數學規律

PART 3 靈魂輪迴之旅：找到生命的意義及目的

PROLOGUE

序章

生命的本質是「不確定性」及「不完備性」

英國廣播公司 BBC 在紀錄片《危險的知識》裡，詳盡介紹了近代 19 世紀四位偉大數學家的悲壯一生：喬治・康托爾（Georg Ferdinand Ludwig Philipp Cantor，1845 年-1918 年）、路德維格・玻爾茲曼（Ludwig Eduard Boltzmann，1844 年-1906 年）、哥德爾（Kurt Friedrich Godel，1906 年-1978 年）和阿蘭・圖靈（Alan Mathison Turing，1912 年-1954 年）。

這四位令人驚嘆的天才，在陸續完成「不確定性」及「不完備性」的劃時代理論後，很快都得罪當時的主流派，由於他們走在時代尖端的理論，顛覆了傳統物理學與數學的舊思維，接著當然就是排山倒海的輿論反撲及言論攻擊，這也導致了那個時代的悲劇，使他們最後都精神錯亂，有人多次自殺，有人多次進出精神病院，也有人絕食而亡。但也因為他們悲壯的堅持，才使得 20 世紀的人類科技重新改寫並進入一個高度發展的時代。

「不確定性」及「不完備性」的理論，是人類最偉大的思想理論（不是之一而是第一）。發明黑洞一詞的美國著名物理學家約翰・惠勒（John Archibald Wheeler）在 1974 年發表的文章中就斷言：即使到了西元 5000 年，如果宇宙仍然存在，知識也仍然放射出光芒的話，人們仍然會把哥德爾的不完備性定理和量子力學的不確定性原理看成是一切知識的中心。

簡單的說：生命的存在，是建立在「不確定性」及「不完備性」的基礎之上，想要了解生命的真相，就必須從這二點開始認識起。它們分別代表著「意識的選擇」及「不斷的創新與進化」。兩者總和就是生命由初始混沌到複雜文明的進化過程。

生物與非生物的差別就在於「不確定性」。如果從比薩斜塔上往下拋出一顆籃球，借助物理定律就能精準的預測物體的運動軌跡。但如果用鴿子代替籃球做同樣的實驗，那結果就不一樣了。生命似乎遵循著自己的一套法則，而這套法則是跟「不確定性」原理息息相關。物理學定律分「相對論」（含傳統力學及宇宙學）及「量子力學」，相對論是研究非生命的宏觀物體，如炮彈及星球等，量子力學是探討跟生命有關的微觀粒子，如原子及電子等。想要認識生命最深層的內涵，就必須從了解量子力學開始，而量子力學的基礎思想則是建立在「不確定性」原理之上。

人類與人工智慧最大的區別就在於「不確定性」及「不完備性」。

「不確定性」代表一種凡事皆有可能的選擇，「選擇」只有生命意識才專有。但是一切若要遵照物理定律的邏輯指導，那麼生命就會變得很單調，總是停留在原始混沌階段，因此才會有「不完備性」的設計：「就是要留下一個缺口，讓生命可以運用直覺，不斷反省、思考及自我超越。」

目前的人工智慧欠缺的就是自主選擇及直覺創新，但假如把「不確定性及不完備性的演算法」植入人工智慧的程式裡，那麼人工智慧就有可能統治人類，因為人工智慧不但具備超強邏輯及計算能力，同時也擁有人類獨有的自主選擇及直覺創新能力。

因此，生命的本質是建立在「不確定性」、及「不完備性」的基礎上。

在這四位偉大數學家之前，科學家的主流思想是「確定論」（又稱決定論），這些理論可以精準的預測未來，假如在某一時刻我們知道了宇宙中所有粒子的位置及速度，那麼根據物理定律，我們就能計算出它們在任何其他時刻的位置與速度，無論是過去還是未來。譬如我們知道地球繞太陽一周是 365 天 5 小時 48 分 46 秒，很明確也很準確。

物理學界自從建立牛頓力學及相對論以來，一直就能夠很精準的掌控大自然的規律。從大到星系運轉，小到一顆籃球，這些科學家所建立的公式，都可以很完美的預測出這些物體的運動軌跡。然而，面對一個小小的電子，科學家們的公式却表現的無可奈何，這些科學家很難相信，宇宙竟然是建立在一個不可預測的基礎上：「不確定性」及無法驗證的「意識」。因此當這些科學家忽然知道宇宙還有「不確定性」的現象時，你可以知道他們是多麼的驚恐與不服氣，其中就以愛因斯坦反應最激烈。

而數學家經過三次數學危機後，就一直想找到一個「完備」的絕對真理，一個能證明世上所有數學公理是真還是偽的演算法。因為之前，數學一直存在太多「既不能證明是真又不能證明是偽」的命題。譬如有名的羅素駁論：某村的理髮師宣佈，他只替不給自己刮臉的人刮臉。這時你會發現，如果理髮師不給自己刮臉，那麼按照原則就該為自己刮臉；如果給自己刮臉，那麼他就不符合他的原則。這個駁論簡直動搖了整個數學大廈。所以當24歲的哥德爾證明了「不完備性」時，你可以知道這些數學家是多麼的氣憤與無奈。

驚恐歸驚恐，氣憤歸氣憤，雙方人馬還是要為自己的信念而戰，怎麼可以輕易就屈服呢？人類歷史上許多偉大的科學家，就是在 20 世紀初，這個風雲際會之際陸續粉墨登場，而偉大的見證必須從數學界的「希爾伯特」計畫及物理學界的「兩朵烏雲」，開始談起。前者是在論證「不完備性」，而後者是在爭論「不確定性」。

數學界的「希爾伯特」計畫及物理學界的「兩朵烏雲」，是人類科技開始突飛猛進的兩大轉折點。

先談「希爾伯特」計畫。

德國著名數學家希爾伯特（David Hilbert）與偉大的哲學家康德是同鄉，他是名符其實的數學大師，被稱為「數學界最後的一位全才」。

希爾伯特雄心勃勃的提出了一個計畫，計畫號召各路英雄來完成一個演算法，這個演算法可以機械化的判定數學命題的對與錯。那時數學界已經歷過三次數學危機，他們實在不能再忍受無法證明是對又無法證明是錯的命題存在。

我們平時是用「直覺」來理解我們所知道的事情，有很多直覺是無法被驗證的，就像你的愛人說：我真的很愛你耶！這時你要如何驗證呢？而

數學家追求的是用邏輯的方法來定義這個世界，因此只有這樣做才會使他們覺得安心。

在希爾伯特提出這個前瞻性的偉大計畫後，許多數學家都投入對於這個問題的研究，其中就包括在維也納大學的哥德爾。1931 年，哥德爾宣告完成對這個演算法的研究，同時也宣告希爾伯特計畫的失敗，因為哥德爾的這個結論就是與愛因斯坦「相對論」比肩著名的「哥德爾不完備性」定理。也因為這個發現，哥德爾被《時代周刊》評選為 20 世紀最傑出數學家的第一位。同時，哥德爾被看作是自亞里斯多德以來人類最偉大的邏輯學家。

希爾伯特想找到一個可以證明一切的絕對真理，很不幸哥德爾告訴他說：那是不可能的。當時哥德爾才 24 歲。

哥德爾的「不完備性」說明了：

● 不是所有對的東西都可以被驗證，就像直覺一樣。

計算機失去邏輯就會當機，但是生命不會，仍然可以靠直覺繼續思考，但是直覺就像靈魂一樣，確實存在但無法被驗證。

▲ 不是所有對的東西都可以被驗證，就像直覺一樣

● 也沒有一種理論或真理可以永久解釋而不被超越。

生命是被設計成一種不斷創新與進化的過程，這也保證我們尋求知識的努力永遠都不會到達終點，我們始終都有獲得新發現的挑戰，而沒有這種挑戰，絕對的完美就會造成知識與文明的停滯不前。

● 同時也告訴我們，有些東西我們是不可能知道的。

當生命被設計成「不完備性」後，就永遠存在部分的非理性及非邏輯性，而這個缺口是需要我們依賴直覺來創新，這樣生命就可以不斷的成長與超越自己。

哥德爾應該算是一位最偉大的數學邏輯家，他的「不完備性」定理可以說完全衝擊著整個 20 世紀的科學界直到現在，涵蓋範圍很廣，包括數學、哲學、邏輯、物理及計算機，甚至人工智慧。

愛因斯坦說：我離開德國，會決定去美國普林斯頓高等研究院工作，是想當哥德爾的同事，並且晚年堅持每天都去辦公室，是因為在路上可以和哥德爾聊天。不幸的是，哥德爾一生飽受精神疾病的折磨，有數次自殺的傾向，最後絕食而亡。這位偉大數學邏輯家的淒涼晚景真是令人唏噓不止。

後來物理學家計算出我們這個世界只占整個宇宙的 4%，我們看不到的世界占 96%，稱為暗物質、暗能量、真空能量。這就驗證了哥德爾的「不完備性」定理：**「不是所有對的東西都可以被驗證，有些東西我們是不可能知道的。」**直到現在，科學家對「確定論」及「完備論」還是不死心，包括鼎鼎大名的霍金（Stephen Hawking）。但是霍金最終還是感嘆的

說：「我也開始認為，想要以有限數量的命題來闡述宇宙終極理論是不可能的。這跟哥德爾『不完備性』定理相似，該定理說明任何有限公理系統都不足以證明每一個數學命題。」

在數學領域裡，只要自含到「意識」的我，就會造成駁論。哥德爾的「不完備性」定理說明我們這個宇宙應該還有另外一個世界，那是我們不可能知道及被驗證的，而我們的意識是來自那個世界，並且那個世界是持續在擴增中（宇宙正在加速膨脹），才會造成生命永遠是處在不完備的狀態中。

不完備性說明宇宙還存在另一個空間，那是生命直覺與靈感創造的來源，並且是存在但是卻不能被驗證。

看來，生命是特別精心設計的，是有意被設計成這種「不確定性及不完備性」的模式：

★ 不完備性，預告了我們的意識是來自於另一個空間。
★ 不確定性，將帶領我們走進這趟意識之旅，並且找到一個充滿能量振動的資訊位元世界。

PART 1

宇宙尋根之旅：找到宇宙另一空間的「宇宙數據庫」

宇宙是一種假像，只是一種投影

投影是來自另一空間

我們的靈魂及萬物萬事就存放在那裡

宇宙最終解釋就是一部巨大電腦

萬物萬事皆為比特位元

CHAPTER 01

光竟然既是波又是粒子

我看清了
我們所有活著的人
都只不過是空幻的影子
虛無的夢
——古希臘劇作家索福克勒斯

粒子與波動的交鋒

在「希爾伯特」計畫進行的同時，物理學的舞台上，也正展開「兩朵烏雲」的思想戰爭：愛波論戰，主角換成愛因斯坦（Albert Einstein）與丹麥物理學家波耳（Niels Henrik David Bohr）。美國著名物理學家約翰・惠勒曾說：「這是我所知道在知識史上最偉大的爭論。三十年來，我未曾聽過在兩位巨人之間的爭論，經歷的時間是這麼長，爭論的問題是這麼深奧，爭論結果的意義是這麼深遠，影響我們去理解這個奇怪世界。」他進一步又說：「沒有矛盾和佯謬，就不可能有科學的進步。絢麗的思想火花往往閃現在兩個同時並存的矛盾的碰撞切磋之中。」

在愛波論戰之前，其實物理學界很早就有論戰，主角是「光」，主要是討論光的本質到底是什麼？我們就先從「光」開始談起。

古希臘人認為光是由細小的粒子所組成的。17 世紀，則認為光很像聲波，不應該是粒子，比較像是藉由介質振動產生的光波。但光又不像聲波需要靠介質傳達就能直達遠方，主張「波動論」的人，只好巧妙的編說這種看不到摸不著的介質，叫做「以太」。到了 1704 年，牛頓（Isaac Newton）出版了他的名著《光學》，書中他強力支持「粒子論」，並且駁斥許多波動論無法解釋的現象。牛頓認為白色光是由七彩光混合而成，而光的複合及分解就相當於不同顏色粒子的混合及分開。不過，在 1807 年，英國托馬斯・楊（Thomas Young），在這年他的《自然哲學講義》中，講到著名的雙縫實驗（附錄一），這個簡單的實驗卻推翻了牛頓的粒子論，實驗證明了：**光是一種連續波**。

APPENDIX-1

將一支蠟燭放在一張開了一個小孔的擋板前面，這樣就形成了一個點光源（從一個點發出的光源），然後在擋板後面再放一張開了兩道平行狹縫的擋板。從小孔中射出的光穿過兩道狹縫投到螢幕上，就會形成一系列明、暗交替的干涉條紋。因為只有「波」才會出現這樣的干涉條紋，所以這個簡單的實驗證明：**光是一種波**。

就在波動論又佔上風之際，再傳來一個重大的好消息，英國的麥克斯威（James Clerk Maxwell）的電磁理論，於1887年被德國的赫茲（Heinrich Hertz）證實，並且發現光也是一種電磁波。從此波動論可說

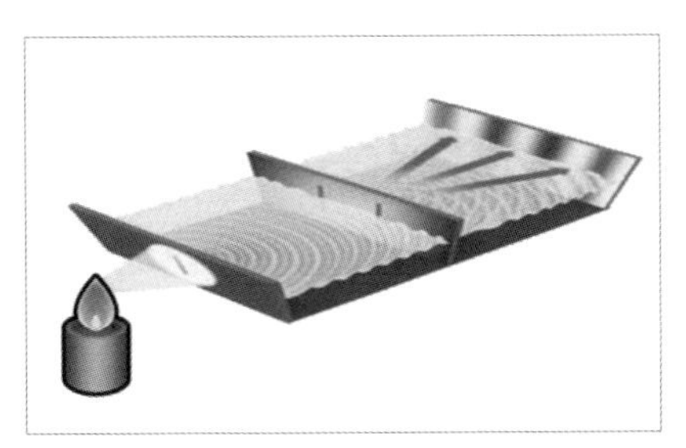

▲ 圖1.1　托馬斯・楊的雙縫實驗。（圖片來源：網路）

是勢如破竹，不僅徹底打敗粒子論，並且還大量的被運用在各種商業用途上，帶給人類享用了前所未有的便利。此時粒子論已經徹底被棄用了。

麥克斯威於 1879 年過世，這年愛因斯坦剛出生，也許是造化作弄人，愛因斯坦後來變成粒子論的強力支持者。

兩朵烏雲

在20世紀初，經過200多年的努力，傳統的經典物理學在陸續建立了熱學、力學以及電磁學等等之後，整個物理學架構，基本上都獲得了很完整很輝煌的成功，那時的物理學家，普遍認為物理學的宏偉大廈已經建立的差不多，就只剩下幾個實驗而已。就在此時，物理學忽然冒出「兩朵烏雲」，竟讓剛獲得偉大勝利的經典物理學大廈，一下子莫名其妙的就被擊垮，那就是物理學上有名的「麥克爾遜-莫雷實驗」以及「黑體輻射光譜的測量」。

第一朵烏雲：催生了「相對論」的崛起。
第二朵烏雲：催生了「量子力學」的崛起。

那時，正當波動論統治整個物理王國時，基本上認定光有兩個特性：光有傳達介質叫作「以太」以及光屬於連續波。但這兩個特性總是怪怪的，充滿破綻，於是物理學家就決定著手進行實驗。

第一個實驗是 1887 年的「麥克爾遜-莫雷實驗」

麥克爾遜－莫雷實驗最後卻證明：**宇宙並沒有一個光波傳達介質的「以太」**（附錄二）。

這項實驗是物理史上最有名的「失敗的實驗」，由於沒有達到預期的目的，雖然動搖了經典物理學的基礎，但卻啟發了愛因斯坦以光速不變原理及狹義相對性原理作為基本假設的基礎上，建立了「狹義相對論」，成為近代物理學的一個重要開端，這在物理學發展史上是佔有十分重要的地位。

如果光波不是「以太」的波動，那又是什麼樣的波動呢？

如果光是波，那麼應該會有一個當時人們認為的「以太」傳達介質，由此產生一種新的想法：如果地球以每秒 40 公里的速度繞太陽運動，就必須會遇到每秒 40 公里的「以太風」迎面吹來，同時，它也必須對光的傳播產生影響。這種想法引起了人們去探討「以太風」的存在與否，麥克爾遜－莫雷實驗就是在這個基礎上進行的。 麥克爾遜－莫雷實驗最後卻證明：無論你是側向或是順逆方向去測試光速，所測得的光速都是一模一樣。後來科學界又經過多次不同方式的測試，最終得出一個驚人的結論：**宇宙並沒有一個光波傳達介質的「以太」**。

（資料來源：維基百科）

第二個實驗是 1900 年的「黑體輻射光譜測量」

針對「黑體輻射光譜測量」（附錄三），1900 年 12 月 14 日，德國普朗克（Max Karl Ernst Ludwig Planck）卻認為**光不是連續發射出的波，而是一份一份不連續發出的波包**，並且只能取某個最小數值的整數倍。這個最

既然光是一種波，但是卻無法解釋下面要介紹的黑體輻射現象：

物體會反射所有頻率的光波，就會呈現白色；會吸收所有頻率的光波，則變成黑色。所謂「黑體」，就是可以吸收全部外來輻射的物體。

一般來說，光的頻率越高，能量就越大， 凡是加熱的物體都會發射電磁波，也就是光。如果光是連續的波，那麼如果**連續一直加熱**，那所釋放的電磁波會集中在頻率較高的紫外線這一端，最後就會出現無限頻率及無限輻射總量的「紫外災變」。但經黑體輻射實驗，卻證實並未發生，如太陽表面的溫度很高，其發射出的光，應該大部分都是以紫外線的方式發射出來，結果卻是發射出低能量的白光最多。顯然如果把光設想為**連續**的波，那麼就會引發理論與實際測試的不一致。

針對這個現象，1900 年 12 月 14 日，德國普朗克提出了一個輻射公式，輻射頻率 ε 是能量 v 的最小數值， ε =hv，其中h，普朗克當時把它叫做基本作用量子，而這個公式完全符合實驗數據，他認為**光不是連續發射出的波，而是一份一份不連續發出的波包**，並且只能取某個最小數值的整數倍。這個最小數值就被普朗克稱為「量子」。**光是不連續的粒子**。

（資料來源：http://www.twword.com/wiki/馬克斯・普朗克）

小數值就被普朗克稱為「量子」。也就是說：**光竟是不連續的粒子**。

1900 年 12 月 14 日這一天就是量子力學的誕辰，普朗克就被稱為量子力學之父。在這一年，一個名叫愛因斯坦的大學生剛從蘇黎士聯邦工業大學畢業，五年之後，國際巨星愛因斯坦開始登場。

1905 年的光電效應：光具有粒子性

後來在 1905 年，愛因斯坦在普朗克一份一份不連續發出波包的啟發下，提出「光量子」的概念，認為光是一個一個的粒子，並因這篇光電效應論文獲得 1921 年諾貝爾獎（附錄四及附錄五）。愛因斯坦因光電效應獲得諾貝爾獎以後，陸續有大量的實驗數據驗證愛因斯坦的粒子論，並在 1926 年將「光」取名為「光子」。

這時科學家發現，光雖然是由波所構成的，但是也具有粒子的特性：**「光的不連續粒子性」**。光的粒子與波動論戰，終於在 1926 年正式落幕，結局竟然是和平統一：**光既是波也是粒子**。

把光照射到金屬表面，就會產生電流效應，稱為光電效應。光電效應產生的原理是，金屬吸收光以後，光會把原子中的電子碰出並脫離原子核後，造成一個正電場，因此產生電磁場的移動，這就是電流。

在實驗中，科學家發現，讓金屬產生電流的光頻率存在一個**閾值**，凡是在這個閾值以下，無論你施加多大的輻射量，都不會產生電流，但在閾值以上，只要少量的輻射量，就會產生電流。譬如放在火熱爐子旁烤的金屬塊，因為紅光的頻率較低且低於閾值，既使紅光的輻射量再多麼的大，金屬塊也不會出現任何電流。但是用少量的紫光（高頻率）去照射金屬，很快就會產生電流。如果光被認定為連續的波時，那就無法解釋光電效應中，為何會存在這麼一個閾值。

後來在 1905 年，愛因斯坦在普朗克一份一份發出波包的啟發下，提出「光量子」的概念，認為光是一個一個的粒子，並因這篇光電效應論文獲得 1921 年諾貝爾獎，他的論點如下：

你可以想像光是一個一個的粒子，而電子就如一個一個鉛球的被放在沙灘上，此時你將如乒乓球般重的低頻率紅色光子，撞向如鉛球般重的電子，無論再多的乒乓球也無法將一個鉛球碰出沙灘坑外。但是如果是用高頻率高能量如鉛球般的紫色光子，就很容易將另一個鉛球碰出坑外。

APPENDIX-5

現在用走石階的概念來解釋一下「閾值」、「量子」及「不連續」。

走在相當於連續波的斜坡上，你可以踩在任何一個位置，也沒有限制要走多少距離。但走在相當於不連續的石階上，你必須踩整數石階，譬如一階或是二階，而不能是 0.1 階或是 0.5 階，並且每一步必須大於 12 公分。石階就是量子，每一步至少 12 公分就是閾值，走石階就是不連續。「量子」的物理概念就是空間與時間的移轉與流逝，必須不能小於某個最小量，因此量子都不是連續性的持續改變，而是一種**不連續性**的變化過程。宇宙最小的空間單位是【普朗克長度】，為 10 的 33 次方分之一公分；最小的時間間隔是【普朗克時間】，為 10 的 43 次方分之一秒。在這一刻度以下，引力及時間空間都不復存在。

▲ 圖 1.2 用走石階的概念，解釋「閾值」、「量子」及「不連續」

宇宙真相一：光子是一種像素投影

第一個要告訴各位的宇宙真相是：光子是一種像素投影。

原子吸收光子後會輻射出另一個光子的過程稱為散射。像紅色蘋果皮會吸收大部份黃藍綠等顏色的光，並大多輻射出紅色的光。光是波，不同的波長有不同的顏色，十二種基本顏色的光子可以混合成變化無窮的新顏色。光又是不連續的粒子，每個光子照射到原子後，被該原子輻射出另一個光子，然後進入我們的視網膜。這時你會發現，這些輻射出的光子跟電腦螢幕上的像素是一樣的原理。我們經由光子看到的世界，就像電腦螢幕上的圖案一樣，其實它是由許多我們看不到的像素粒子所組成的，而每個像素就是一個「光子」的反射。

一百年前，物理學家發現到一個奇妙的現象：物質的 99.9999999% 其實都是空的。假如把身體裡所有原子裡的空間移開及壓縮成實體，那麼就可以把全球 70 億人口壓縮到一顆方糖那麼小。那為何幾乎是空無一物的物質摸起來卻實實在在且固若金湯呢？那是因為，原子空間裡充滿了力量非常強大的電磁力。我們是從來就沒碰過物體本身，那是電磁力的抗拒作用力，讓你感覺到有摸到物體本身。一個空無一物的原子能形成一個實體的影像世界，那就只有投影才能解釋。

我們這個物質世界並不是連續平滑的空間，而是由一點一點不連續的像素粒子所組成，這種現象不可能是實體，僅是一種投影，一種解析度非常高的影像畫面。

所以：光子是一種像素投影。

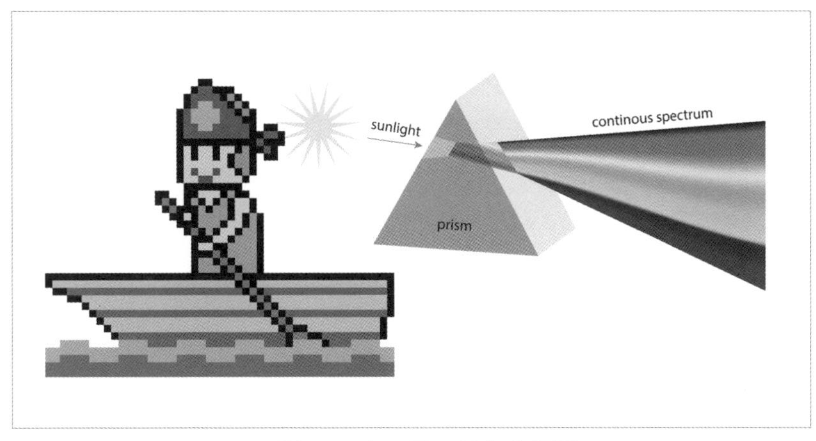

▲圖 1.3　光子是一種像素投影

CHAPTER

02

我們這個世界是來自另一空間的投影

我是天空裡的一片雲
偶爾投影在你的波心
你不必訝異
更無須歡喜
在轉瞬間消滅了蹤影
——徐志摩

波粒二元性：任何物質都同時具備波動和粒子的性質

如果波動性的光具有粒子性，那麼粒子性的電子應該也會具有波動性吧？

那時還真有人異想天開這麼想，最後還得到諾貝爾物理學獎。

接下來先介紹一下法國著名理論物理學家，1929 年諾貝爾物理學得主，德布羅意（Louis de Broglie）的故事。

德布羅意家族是富有的貴族家庭，他原來是學歷史的。

1911 年，第一屆索爾維會議成立時，當時的世界一流物理學家如愛因斯坦、普朗克、居里夫人等人，幾乎都參加並展開激烈的學術論戰。他哥哥身為會議的秘書，常把大會的討論資料帶回家，這位年輕人無意中閱讀後，竟然對物理學產生濃厚的興趣。不久，他就改學物理學，並且還拜一派宗師朗之萬（PaulLangevin）為導師，在他手下攻讀理論物理博士學位。

在寫論文時，量子力學之父普朗克及愛因斯坦那些人，一直在宣揚「光波也是粒子」的論點，進而觸動了他的博士論文靈感：「如果波動性的光具有粒子性，那麼粒子性的電子應該也具有波動性吧？」1924 年 11 月，這位年輕人發表了他的博士論文，論文題目是《量子理論的研究》，主要論點只有一點：「既然波可以是粒子，那麼反過來粒子也可以是波。」意思是具有粒子特性的電子、中子及質子也可以具有能量形式的波。

在論文中，德布羅意詳細的解釋了他所創建的「物質波」理論。

他根據愛因斯坦和普朗克對於光波的研究，進而推論出關於物質的波粒二元性：**任何物質都同時具備波動和粒子的性質**。

由於論文的內容相當先進，當時並沒有受到重視，不過其導師朗之萬寄了一份給愛因斯坦並尋求他的意見。愛因斯坦看了以後很高興，也意識到這論文很有重量，所以非常樂意為波粒二元性背書，並將論文送去柏林科學院，才使得「物質波」理論在物理學界廣為人知並受到重視，也讓德布羅意終於獲得了物理學博士學位。

大師開口點讚，德布羅意就此成名。1927 年，美國的戴維森（Clinton Davisson）和革末（Lester Germer）及英國的 G.P. 湯姆森（George P. Thomson）通過電子衍射實驗各自證實了電子確實具有波動性。至此，德布羅意大膽假設的理論終於獲得了普遍的讚賞。1929 年，諾貝爾物理學獎桂冠被授予德布羅意，這是諾貝爾獎有史以來第一個憑藉博士論文就直接獲得最高榮譽的例子。

這時人們終於認識到：事實上所有的「粒子」和「光」，都是「粒子和波」的混合體，稱為**波粒二元性**。粒子是指可以確定位置的一點，而波是指不可以確定位置且看不到的一種能量形式。

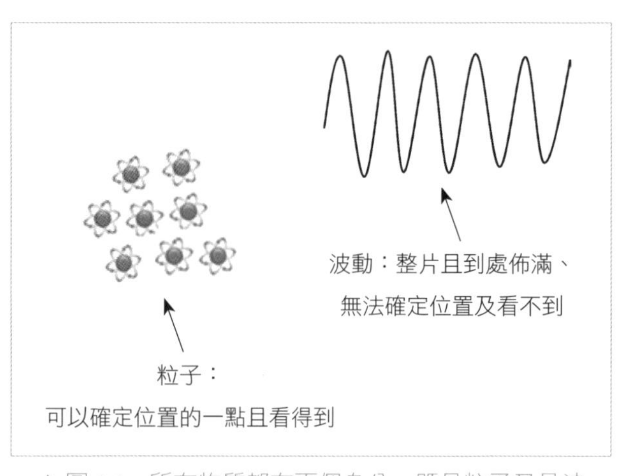

▲ 圖 1.4　所有物質都有兩個身分，既是粒子又是波

1906 年，J.J. 湯姆森（Joseph John Thomson）因為證明電子是粒子而獲得諾貝爾獎；1937 年，他又目睹了自己的兒子 G.P. 湯姆森因為證明了電子是波也獲得諾貝爾獎，父子兩個都是對的，兩人都有充分理由獲獎，因為電子既是粒子又是波。

宇宙真相二：物質是來自於另一空間的投影

早在 1905 年，愛因斯坦就提出著名的質能方程式 $E=mc^2$，E 表示能量，m 代表質量（物質），而 c 則表示光速。質能方程式說明了「物質就是能量」，也就是說，物質和能量就是同一個東西，是同一個東西的兩種內外表述，所有看得見的外在物質都是由一種看不見的內在能量形式所組成的，但是物質會被產生也會被消滅，而能量永遠不會消失，只是轉換成不同的形式，因此物質的本質是能量，能量的載體是物質。譬如我們吃牛排，牛肉經過消化後就變成人體營養素，牛肉這種物質被消化光不見了，但是牛肉原本的能量並沒消失，只是轉換成另一種能量形式的人體營養素。依據能量不滅定理，我們吃完食物後，該食物的物質性就被消滅，但是它原本的能量是不會消失的，而是變成我們身體的一部分。

就哲學的觀點而言，愛因斯坦的質能方程式也可以解釋靈魂輪迴。質能方程式是在補充說明能量不滅定理，也就是說，同一東西的物質雖然消失，但是它的能量並未消失，只是轉換成另一種形式，繼續存在於另一個東西裡。

現在整合「質能方程式」與「物質波」兩種理論，你會發現兩者的觀點都是一樣：

所有的物質，不管是光還是電子、中子及質子，都有兩個身分，既是看得見的粒子，也是看不見的波。粒子就是物質，波就是能量。

這正說明了宇宙存在兩個空間，一個是我們這個世界，是由所有看得見的粒子所組成的，但這些粒子的背後，卻又是一種存在於另一空間能量形式的波，而那個我們看不見的另一空間，其實是儲存著宇宙所有能量形式的東西，也就是生命的萬事萬物的資訊及產生萬事萬物的生命意識（靈魂），而**我們這個世界只是它的投影**而已。這也難怪電子既是粒子又是波。

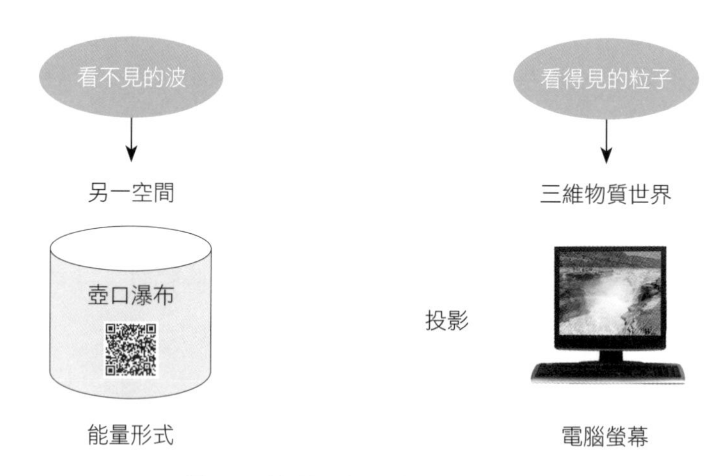

▲ 圖 1.5　物質是來自於另一空間的投影

宇宙的時間及空間都是不連續的，其意義分別代表：

●空間不連續：代表我們這個世界不是平滑的，而是由一點一點像電腦螢幕或照片上的像素粒子所組成的，也就是說我們這個世界只是一種影像，就像海市蜃樓，而產生影像的是一種來自另一空間的能量形式的波，所以物質才會具有既是波又是粒子的特性。

●時間不連續：代表這個連續影像是用一張一張的圖片方式所產生的，然後再連續播放，就像播放每秒 24 幀的電影。

現在將這四種概念彙總，最後會得出以下的結論：

不連續的空間＋不連續的時間＋能量形式的波＋物質的粒子性＝電腦的影片播放。

很顯然，物質世界的產生是來自另一空間的投影，並且它的產生方式是跟電腦的影片播放很類似。

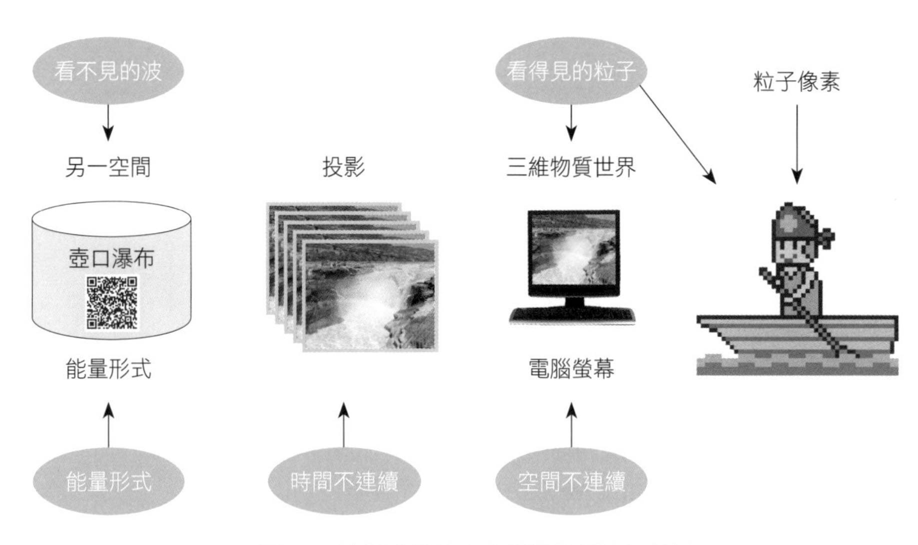

▲ 圖 1.6　物質世界的產生跟電影播放很類似

物理學家已經很明確的告訴我們，宇宙是存在兩個世界，一個是我們的三維物質世界，一個是永遠不會消失的能量世界。這時我們應該心裡也有數了，我們的物質世界其實是一種投影，也就是一種假像，因此，所有的物質會被產生也會被消滅，只有描述物質的能量是永遠不會消失並且儲存在另一個空間裡，我們這個物質世界只是它的投影而已。

看得見	看不見
粒子	波
物質	能量
外在	內在
物質世界	另一空間
萬事萬物	意識資訊
能被產生也會被消滅	永遠被儲存著
軀體	靈魂

▲ 圖 1.7　物質世界與能量世界的區別

道德經就是這樣描述有兩個世界的宇宙：

道可道（可以語言交流的道），

非常道（非真正意義上的道）；

名可名（可以明確定義的名），

非常名（非真正意義上的名）。

無名天地之始（天地在開始時並無名稱），

有名萬物之母（名只是為了萬物的歸屬）。

故常無欲以觀其妙（因此常用無意識以發現其奧妙），

常有欲以觀其徼（常用有意識以歸屬其範圍）。

兩者同出異名（兩種思維模式同出自一個地方但概念卻不相同），

同謂玄之又玄（這就是玄之又玄的玄關竅）。

眾妙之門（它是打開一切奧妙的不二法門）。

CHAPTER

03

我們這個世界是如何產生的？

真實只是一種幻覺
儘管是一種揮之不去的幻覺
——愛因斯坦

電子雙縫實驗：是你的意識創造宇宙的

到了 20 世紀中，物理學家想了解具有粒子實體的電子，是如何通過雙縫？於是做了這項劃時代的「電子雙縫實驗」。

電子雙縫實驗，是將電子槍，向帶有兩條狹縫的擋板，一次只發射一個電子，然後射向螢幕上。

實驗開始：一個一個電子陸續發射，當發射少量電子時，螢幕顯示電子只是以隨機方式出現在螢幕上，如圖的 a 及 b，但是當你發射數萬個電子後，螢幕上竟然出現跟光波一模一樣的干涉條紋，如圖 d 及 e，顯然電子在出發與到達時是粒子，但在空間中卻是以波的型態在移動。

這個實驗震驚了所有人，電子這個公認的實體粒子在實驗中，竟然是以看不到的波動形式通過雙縫，也就是說基本粒子居然是看不到且沒有實體的。然而這還不是最嚇人的，當科學家繼續試驗，安裝了探測器，企圖觀察電子是怎麼通過兩個縫隙時，它竟然又變成看得到的實體粒子，再也看不到干涉條紋，而是實體粒子的雙線條紋。

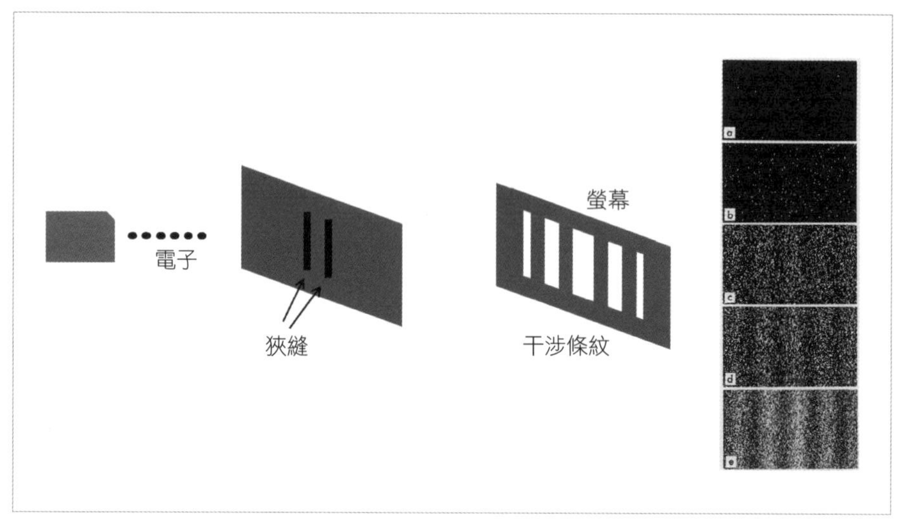

▲ 圖 1.8　電子雙縫實驗。
（右圖出處：Dr.Tonomura團隊做電子雙縫實驗得到的干涉圖樣。）

這個實驗說明：電子你不觀察它時，它是看不到且沒有實體的波，只有當你觀察它時，才變成看得到的實體粒子。也就是說宇宙原本是不存在的，只有當觀察者在觀察的那一瞬間時，宇宙（物質世界）才會一躍而出。

簡單的說：

沒有意識就沒有物質，

是你的意識創造了宇宙，

量子力學是建立在不可驗證的唯心論之上。

這時，實驗的最高潮就是：「是你的意識將看不到且沒有實體的波，變成看得到的實體粒子」。此時量子力學已經把哲學及宗教全捲進來。

這個理論，同時也告訴我們，量子力學是建立在無法驗證的「唯心論」哲學之上，這也正是哥德爾不完備性定律的最佳見證。

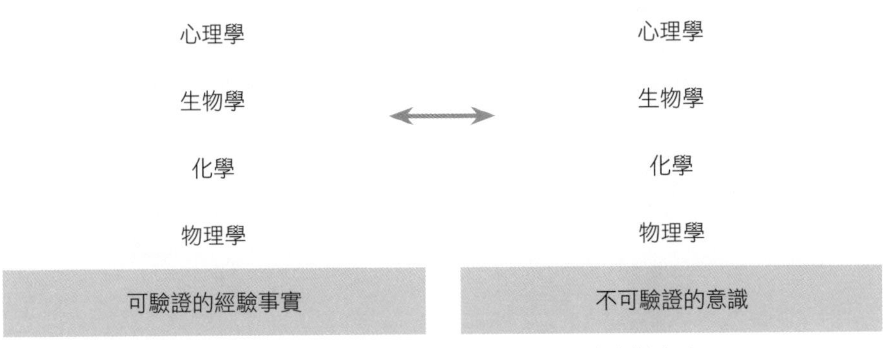

▲ 圖 1.9　量子力學是建立在不可驗證的意識之上

哥本哈根詮釋：不確定性及機率論的電子世界

物理學本來至少還是一門科學，但是令人匪夷所思的「電子雙縫實驗」，其實驗結果，最後還把哲學甚至神學宗教都捲進來，人類的「意識」觀念也被量子力學的關鍵人物丹麥物理學家波耳帶進量子力學的領域裡。

物理學的第二次世界大戰：**愛波論戰正式登場。**

1921 年，在著名丹麥量子物理學家波耳的主導下，在哥本哈根大學成立了理論物理學研究所，由此建立了量子力學的重鎮：哥本哈根學派。

1922 年 11 月，只有 37 歲的波耳榮獲該年度諾貝爾物理學獎，波耳也成了年輕一代物理學家嚮往的導師，那時整個歐洲物理學界的年輕人紛紛湧向丹麥首都哥本哈根。在哥本哈根大學理論物理研究所就聚集了許多不到 30 歲就獲得諾貝爾獎的一流物理學家，像波恩、海森堡、約爾丹、泡利、羅森菲耳德以及前蘇聯的福克和朗道等人。還有許多依賴著哥本哈根學派而成長的年輕菁英，如狄拉克、德布羅意、德拜、考斯特等人。

20 世紀物理學出現了兩大驚人的巨大成就，一個是愛因斯坦的相對論，它研究的是一個巨大質量與物體的宏觀世界，一切都是**有規律可預測的確定論**，如星球、星系及整個宇宙。另一個是量子力學，它研究的是一個最微小粒子的微觀世界，但卻是**不確定性的機率論**，如原子、電子及質子。**相對論的對象是我們這個三維物質世界，量子力學則是另一個空間的能量世界**。

量子力學的創建與興起是與哥本哈根學派分不開，是與波耳的名字分不開。哥本哈根學派對量子力學提出了全新的解釋，被稱為哥本哈根詮釋。詮釋的核心內容，主要由**波恩的「機率解釋」、海森堡的「不確定性原理」以及波耳的「互補原理（波粒二元性）」等三大理論**所組成。但它們都是非常的詭異，絕對會徹底顛覆及改變你對世界的認知。

波恩（Max Born）的「機率解釋」：物質波（如電子波）是一種機率波

1924 年，德布羅意提出「物質波」後，針對這個概念，波恩認為物質波（如電子波）是一種機率波：雖然一個電子會出現在那裡是不能確定的，但是大量電子在空間各處出現的機率，却是有一定的「波動規律」。

簡單的說就是：**電子在不觀察它時，它出現在那裡都是有可能（因為是波），一旦觀察到它，就得到它的平均值及確定的位置（變成粒子）。**

另一個說法就是：電子在短期間是無常且捉摸不定的，但長期卻有一種規律性及目的性。所以說：人生就是一種機率波，無常但最終還是有規律性。

海森堡（Werner Heisenberg）的「不確定性原理」

海森堡的「不確定性原理」是指：「粒子的位置確定越精確，它的速度就越不精確，反之亦然（附錄六）」，也就是說你是無法同時準確測得粒子的位置和速度。這就像你看一幅名畫，當你看到蒙娜麗莎的微笑時，就看不到組成整幅畫的那些無數個像素點粒子，而當你能看到像素點粒子時，你就看不到蒙娜麗莎的微笑。

「不確定性原理」是量子力學的基礎原理，是量子力學的一塊磐石，它直接帶給我們的結果是：**在電子的世界裡，凡事皆有可能的（無處不在的波），直到你做了選擇（觀察）才變成確定的粒子**。也就是電子你不觀察它時，它是看不到且沒有實體的波，只有當你觀察它時，才變成為看得到的實體粒子。

舉例說明：

假如你人在臥室，而你女兒在客廳。如果你沒看到她或是她沒動靜傳到你耳朵，此時對你而言，她是沒辦法具體存在的（量子力學的不確定性原理）。因為她有可能在看書或睡覺，有可能站著或躺著，是一種不確定的多種情況，物質世界也不會有這種多情況並存的東西。必須要等到你去客廳看到她，她才會變成具體的實體，顯現在你眼前，原來她是在沙發上睡著了（多情況塌陷成一種狀況）。

APPENDIX-6

造成不確定性原理的主要原因，就在於用來測試電子的光子，因為是個波而不是個粒子。

電子在移動時，初端位置是固定的，只要用光子去測量電子末端位置，就能計算出電子的速度，也就是單位時間內電子走過的距離。以上理論沒問題，問題是出在光子：當你用波長很短（高頻率及高能量）的光子去測量電子時，因為波長短，測量單位很小，所以能比較精確的測出電子的位置，但高能量的光子會撞開電子，造成末端位置發生位移，讓真實末端位置變得不準確，再加上測量刻度很小，使得電子的速度測量變得更加不準確。而當你用波長很長（低頻率及低能量）的光子去測量電子時，因為低能量的光子不會撞開電子，所以可以很精確測量電子的速度，但是測量單位很大（如1米為單位的尺，去測量1/100米的1公分東西），根本就無法準確的測量出電子的精確位置。

因為宇宙間都必須依靠光來觀察宇宙萬物，所以你不可能用光同時觀察到電子在那裡以及它往那裡去。

波耳的「互補原理（波粒二元性）」

波耳為了解釋量子現象的波粒二元性而提出了「互補原理」的哲學理論，他認為基本粒子同時具有波動性與粒子性，而這兩個性質是相互排斥的，不能用一種統一的系統去完整描述量子現象，但波動性與粒子性對於描述量子現象又是缺一不可的，所以必須把兩者結合起來，用這種既互斥又互補的方式，才能提供對量子現象的完整描述。這個原理也是波耳對「不確定性原理」作出的哲學解釋，也是哥本哈根學派的基本觀點。

哥本哈根學派的三大核心理論，對經典物理學的破壞力是相當驚人的，徹底顛覆了過去傳統的確定論，它告訴世人：**在電子的世界裡，「不確定性」主導一切，凡事皆有可能的。**

宇宙真相三：物質是意識產生瞬間念頭後，經由宇宙電腦程序所產生的

電腦的基本架構可分為三部分：

- 電腦程序：輸入、計算處理、儲存及輸出。
- 電腦硬體：滑鼠鍵盤、主機、數據庫及電腦螢幕。
- 電腦軟體：電腦作業系統。

程序	輸入	計算處理	儲存	輸出
硬體	滑鼠鍵盤	主機	數據庫	電腦螢幕
軟體	電腦作業系統			

▲圖 1.10　電腦基本架構分為三部分

現在整合宇宙真相一、二及電子雙縫實驗的結論，則得出宇宙真相

三：

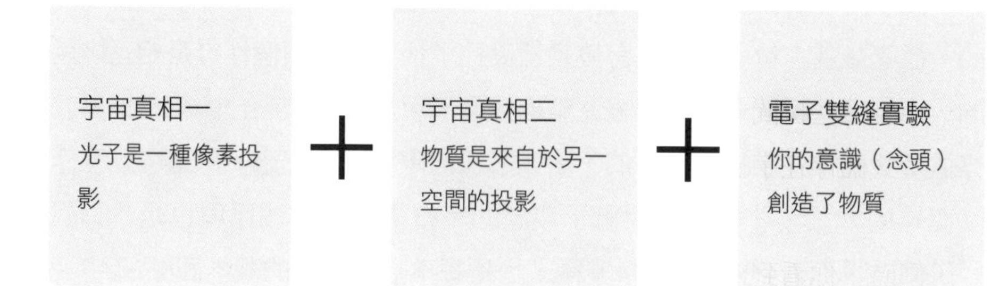

＝

宇宙真相三
物質世界是意識產生瞬間念頭後，
經由宇宙電腦程序所產生的

宇宙真相三就是，物質是意識念頭經由宇宙電腦程序所產生的：

1. 首先是宇宙電腦在等你的瞬間念頭做選擇，就像電腦在等你按滑鼠或是鍵盤輸入新資訊一樣，也就是量子力學的不確定性：凡事皆有可能，直到你做選擇（觀察）。
2. 然後宇宙電腦再根據你的選擇（新想法），計算後生成當時的新物質世界，並以二維碼的能量形式儲存在另一空間裡（宇宙數據庫）。
3. 再投影到我們這個三維物質世界裡，而大腦就是電腦螢幕。
4. 接著新的物質世界的環境變化又會刺激意識產生瞬間念頭的新想法，如此不停反饋循環的回應過程，就形成一個連續播放的動態物質世界。

簡單的說就是：你眼前每分每秒的每個瞬間所看到的現實世界，都是你的每分每秒的瞬間念頭經由宇宙電腦創造的。也就是意識創造宇宙（物質世界）。

而且這些瞬間念頭所產生的物質世界（宇宙）都不會消失，而是以能量的形式儲存在宇宙數據庫裡，這些能量就是意識產生的萬事萬物的意識資訊。

同時，你看到的宇宙（物質世界）只是一個靜止的宇宙畫面或是宇宙照片而已，因為時間是不連續的，一秒可以創造很多張並且是連續播放，所以才讓你感覺到是連續動態的。

你一生一直連續不斷看到的世界，全部都是經由你的意識念頭產生的。

譬如你早上醒來時，你會有幾種選擇：繼續睡、去刷牙或先吃早餐，在你還沒選擇前，這幾種情況都是不存在的，直到你選擇刷牙後，宇宙電腦才會創造出你走到浴室刷牙的影片連續畫面在你大腦裡，此時你沒看到的世界（超出電腦螢幕以外），宇宙電腦是不會執行的，它們是不存在的，必須直到你的念頭選擇走到那裡，它們才會一躍而出。

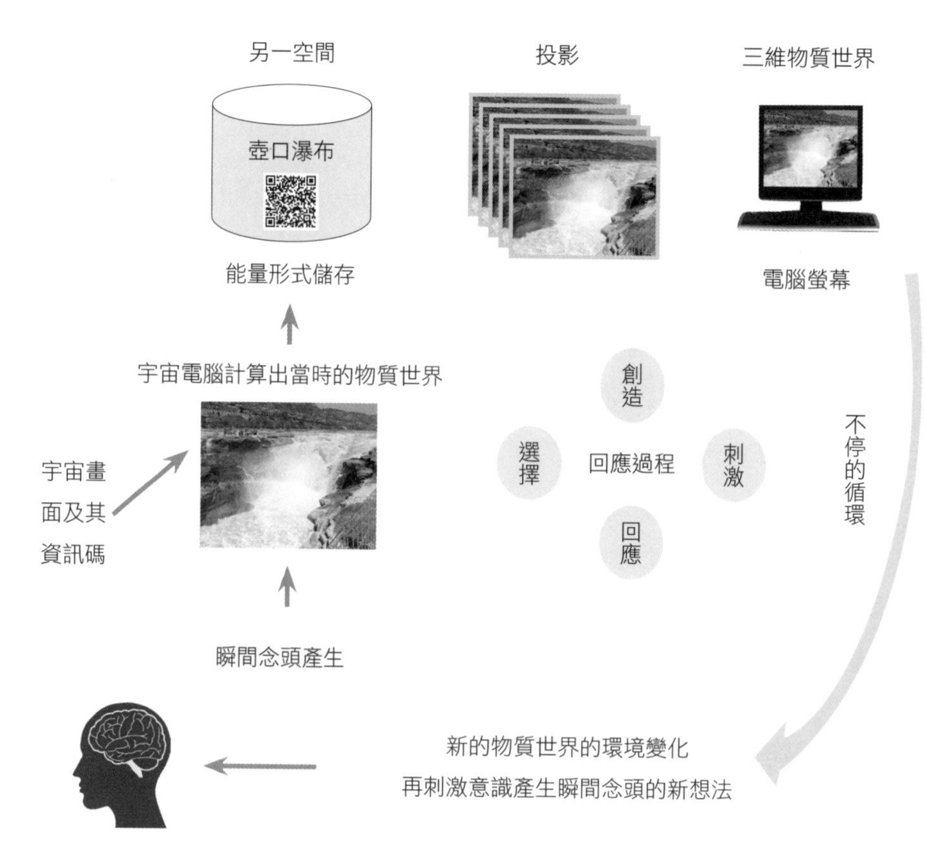

▲圖 1.11　物質世界是瞬間念頭，經由宇宙電腦程序所產生的

在每個量子力學的理論中，都有一個完美的數學結構，宇宙是數學寫出來的，而數學就是一種計算，所以量子力學每個理論其實就是一種電腦程序：

●輸入：量子力學的「不確定性」原理，是你做選擇前，凡事皆有可能的各種不確定狀態，你做選擇後，就相當於輸入瞬間念頭的新想法[1]。

●計算處理：物質世界是由宇宙電腦依據瞬間念頭的新想法，間隔離散（時間是不連續的）生成的，是用一張一張宇宙畫面的方式產生的[2]。

●儲存：就是質能方程式中所說的，產生的物質世界是以能量形式儲存在另一個空間裡。

●輸出：這是一種「全像宇宙投影」[3]，我們的三維物質世界是從另一個空間投影（空間是不連續的）過來的，就像把影片或照片從CD光碟裡的資訊碼播放到電腦螢幕上的道理是一模一樣。

人生是一種回應的過程，在面對及解決外在環境發生的新問題後，人會創造出一種新資訊，這個宇宙畫面就稱為經驗值，那是儲存在另一空間裡，是未來回應新問題的主要決策依據。

另一個空間就是一台超級宇宙數據庫，宇宙所有的意識（靈魂）及意識產生過的萬事萬物的紀錄，都是以能量形式存儲在那裡。那裡藏著整個宇宙創世紀以來的來龍去脈。

一個瞬間念頭就生成一個宇宙畫面（物質世界），並儲存在宇宙數據庫裡。物理學家經數學方程式計算出，現在有 10 的 500 次方個宇宙，而千億只有 10 的 12 次方。如果每個普朗克時間（10 的 43 次方分之一秒）

1. 如何產生新想法，會在第十二章的「歷史求和」及「貝葉斯理論」介紹。
2. 宇宙電腦產生物質世界的物理理論，稱為「分形理論」，會在第十三章的「分形理論」介紹。
3. 「全像宇宙投影」將在第四章介紹。

產生一次瞬間念頭，那麼無數億個意識從創世紀以來的瞬間念頭也應該有生成 10 的 500 次方個宇宙吧！

宇宙是生命意識創造的資訊碼所投影的影像，所以當生命意識都消失了，宇宙自然就消失了，沒有意識就沒有宇宙。

1965 年約翰・惠勒與他的同事布萊斯・德威特（Bryce Dewit），企圖統一量子力學與相對論而共同創造了惠勒-德威特方程式：H（x）|Ψ>=0，在這個方程式中，竟然獨缺 t（Time），也就是時間本質上是不存在。一個不存在時間及完全靜態的世界，為何還會如此千變萬化，難道時間也跟空間一樣是虛幻的嗎？

美國著名理論物理學家朱利安・巴伯（Julian Barbour）對這個方程式的時間本質提出了與眾不同的論點。他認為：「每個人在他一生的每一件事，都是永遠存在的。我們生活的每一瞬間，在本質上是永遠不變的，這意味著我們的每件事和每個人都是永生不滅的，實際上時間和空間都只不過是虛幻的錯覺而已。」

現在我們就可以這樣想像，這台超級宇宙數據庫，儲存了所有意識從創世紀以來所有發生過的宇宙畫面或是照片，宇宙照片的連續串聯過程就是代表時間的變化。所以對於電腦而言，過去、現在及未來是可以同時存在的，就像你不同時間的照片，是可以同時儲存在電腦裡，因為照片只是一組二維資訊碼而已。而這些照片是沒有時間性，只有連續串聯的關係。當把這些照片串聯連續播放時，才會讓你有時間的錯覺。當你從過去的某張照片開始連續播放時，才會產生你過去的某段回憶。

本質上，時間跟空間是一樣的，都是相對的，都是一種幻覺。

我們大腦看到的只是一個從另一個空間投影過來的「假像」。所謂的「物質是虛幻的」，是有兩個含義：

第一個含義是物質世界本來就不存在，它是意識的念頭瞬間產生的，而且只有存在一瞬間就被下一個念頭產生的物質世界所取代。

第二個含義是物質世界產生以後是以能量的形式儲存在另一個空間裡，稱為記憶，所以投影的物質本來就不存在，但是發生過的萬事萬物是永遠不會消失的，因為能量才是生命的本質。

愛因斯坦說：物質、時間、空間、宇宙，其實都是人類的幻覺而已。

量子力學之父普朗克就感嘆道——我對原子的研究，最後的結論是：世界上根本沒有物質這個東西，物質是由快速振動的量子組成！他進而剖析說：所有物質都是來源於一股令原子運動和維持緊密一體的力量，我們必須認定這個力量的背後就是意識，它是一切物質的基礎。

愛丁頓（Arthur Stanley Eddington）這位偉大的科學家說：我們總是認為物質是東西，但現在它不是東西了；現在，物質比起東西而言更像是念頭。

前三位偉大的物理學大師已經很明白的說：意識的念頭創造了一切的物質。

量子力學的不確定性原理，還有一個很重要的含義，也是唯心論的基本理論。

在電腦遊戲當中，只有人物所到之處，一切才會被顯示出來（具體的粒子），超出電腦螢幕以外的場景，程式是不會執行的（看不到的波），

而只是處於潛在等待之中，直到你移動到那個場景，程式才會讀取資料及計算處理後，再將那個場景與人物顯示出來。

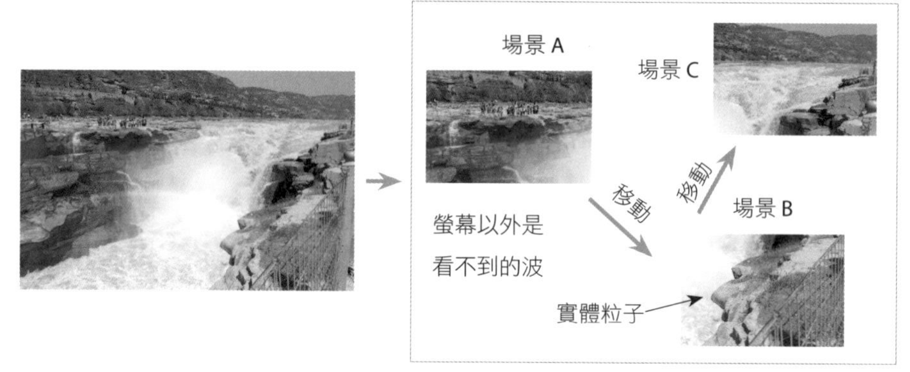

▲ 圖 1.12　所到之處電腦才顯示，超出螢幕以外，程式不執行

這也是「唯物論」與「唯心論」的區別。

唯心論是意識輸入瞬間念頭，經電腦運算後（只運算你能看到的部分），再將結果輸出在電腦螢幕（大腦）上。先個人電腦分散單機處理，再運用網絡連線與其他人互動。

而唯物論是先創造出無限的整個宇宙，然後 60 億個意識全放進去一起玩一起互動。問題是，宇宙這麼大，電腦怎麼可能無限的全部顯示呢？

所以就電腦系統的設計者而言，他應該不會笨到運用「唯物論」的理論架構吧！當然是你走到那裡，看到那裡，電腦先計算後再顯示到哪裡，你懂嗎？就電腦程式設計，「唯物論」是一種有問題且行不通的設計方式。

在一個無人跡深山的一棵樹，忽然有一天被閃電擊倒，假如倒下去的聲音沒有被附近的意識聽到，那麼會有樹倒下去的事實存在嗎？所以一定是意識先於物質，沒有意識的存在就沒有物質的產生，這就是量子力學的基本原則。

我們現在使用的電腦，假如沒有經過意識的想像力及特意去創造它，宇宙是不可能自然形成一部電腦的。顯然意識必定是先於物質的。

量子力學既然證實，物質是你不看它時是不存在，直到你看到時才出現。那麼在你看它時，它是怎麼瞬間產生的？又是誰產生的呢？很顯然就是宇宙電腦依據你的念頭產生的。物理學家又說物質世界是來自內部，它是意識產生的，而不是外部。所以我們看到的物質世界，實際上是顯示在大腦後部一塊狹小而黑暗的視覺中心空間，我們其實不是看到的，而只是感覺到大腦的電子信號而已，大腦其實就是一種電腦螢幕。

也就是說：我們這個物質世界中，看見、摸到、聽到的東西，實際上只是腦子裡的電子信號！譬如，我們在外面的世界看到一隻貓，但實際上這隻貓並不在外面的世界，而是在我們的腦海裡。是貓的像素光子，在我們的眼睛中被轉化成了電子信號，再經由腦神經元傳送到大腦的中心。因此我們看見的貓，實際上是大腦裡的電子信號！如果電子信號在傳達大腦的過程中被截斷，貓的影像就會突然消失。同樣，我們聽見貓發出的叫聲，實際上也是在大腦裡。如果叫聲的電子信號被截斷，就聽不見任何聲音了。因此，貓的樣貌和聲音，只不過是大腦對電子信號的解讀。

距離感也是，其實你和電腦螢幕之間的距離，實際上並不存在，都只是在腦海裡。天空上的星星好像距離我們幾億光年遠，其實就在我們腦海裡。你的感覺和身體都讓你覺得你是在屋子中，其實，你的身體只是你腦海中的一個影像！

既然我們所看到的世界是在腦海中形成的，然後我們又不能跳脫到外

面的世界，我們又怎麼能確定外面的世界真的存在呢？當然不能！

唯一事實是：我們所存在的世界是腦中感覺的世界！認為腦海外面有實際的物質存在，那完全是一個錯覺！腦海中的感知，往往是來自於看不到的空間，然後再通過眼睛看到的。

大腦與外界的光是隔絕的，它的內部結構是完全黑暗的，因此大腦是無法「看到」物質世界的，而應該是一種電腦程序，將依據意識產生的物質世界投影到大腦裡，物理學家稱為「全像宇宙投影」理論。

對於這種量子力學的意識模式，最清晰簡潔的描述，是來自聖人尼薩加達塔，他形容自己心靈覺醒時說：你會確鑿無疑的認識到，世界在你之中，而不是你在世界之中。

宇宙真相四：惠勒的延遲實驗：現在決定過去：我們不僅僅是宇宙的旁觀者，也是宇宙的創造者

愛因斯坦的同事約翰‧惠勒，物理學重量級人物，對於基礎物理做了許多重要的貢獻，「黑洞」一詞就是他發明的。1979 年為紀念愛因斯坦誕辰 100 周年而在普林斯頓召開了一場討論會，在會上約翰‧惠勒提出了「延遲實驗」的構想，在當時震驚了學術界。

後來陸續的實驗結果，更是令人震撼，結論是——「宇宙的歷史是：**現在決定過去**，而非我們所認知的因果論：現在決定未來。」

這個實驗構想提出 5 年後，就有馬里蘭大學及慕尼黑大學實現了這個實驗結果。

惠勒的延遲實驗結果說明：根本沒有過去，過去都是你現在創造的，現在的每分每秒，你都在逆時間創造著過去發生的一切，是你的觀察行為

參與了宇宙的創造過程，也就是前面所說的，是你的意識創造了你的宇宙。

我們不僅僅是宇宙的旁觀者，也是宇宙的創造者，人類的意識會直接影響到要產生怎樣的物質世界，從而參與宇宙的進程。按照約翰・惠勒的說法：宇宙是「不停息的回應意識」。

惠勒的延遲實驗結果：「現在決定過去」，這種說法就跟「意識創造宇宙」一樣令人震撼。其實兩者都是在講同一道理，只是你的舊思維讓你非常不習慣及不舒服而已。想當初牛頓就是一顆蘋果砸在頭上，別人視為當然，他卻能找到宇宙真相一樣，其實每個被驗證的量子力學理論，雖然荒謬得讓人無法置信，但卻是千真萬確的。

我們知道電腦程序是：必須先輸入當時的新資訊，然後根據輸入的新資訊，先去數據庫讀取相關數據，經過計算處理後，再將結果儲存及顯示在電腦螢幕上。

現在舉個例子：

假設有一顆恆星距離地球有十億光年，它在五億年前不幸爆炸毀滅。如果你不看它時，它是不存在的，必須等到你現在看到它時，宇宙電腦才會計算出該恆星十億年前的模樣（過去），然後再顯示給你看。這個例子有一個很重要的關鍵點：該恆星在五億年前，早已不存在，為何此時你會看到早已不存在的東西呢？

理由很簡單，這就是一種電腦程序，你現在的意識觀察就相當於輸入新資訊（input），而宇宙電腦把計算出十億年前的恆星位置及模樣，顯示在電腦螢幕上，就相當於把過去的歷史資訊輸出（output）。必須先有現在的觀察，才會計算並**創造出十億年前的恆星模樣及這十億年來與該恆星**

有關的一切歷史，這就是「現在決定過去」，也就是該恆星的歷史也是一躍而出。就你而言，你沒看過該恆星，那你的宇宙數據庫裡就沒有該恆星的紀錄，讀取時當然是Not found，也就是該恆星是不存在的，必須等到你去觀察該恆星時，你的宇宙數據庫才會有該恆星這十億年來的歷史資訊的計算、儲存及顯示。

程序	輸入	計算處理	儲存	輸出
意識	現在的觀察	計算出十億年前該恆星的位置、模樣及這十億年來與該恆星有關的一切歷史	十億年前該恆星的位置、模樣及相關歷史（記憶）	十億年前該恆星的位置、模樣及相關歷史（大腦）

▲ 圖 1.13　宇宙的歷史是：現在決定過去

宇宙暴漲論的奠基人之一，安德烈・林德（Andrei Linde）就說：對我這樣一個人類的成員之一，在沒有任何觀察者的情況下，我不認為宇宙有存在意義，宇宙和我們是一起的。**沒有觀察者，我們的宇宙是死的**。

以林德的觀點，某顆恆星在你沒看到之前它是不存在的，直到你看到它時，這顆恆星才一躍而出，才證實它們幾十億年前就存在了。就你而言，你不知道的事物就是從未存在過。你的意識是連接你自己的宇宙數據庫，你的宇宙數據庫裡面沒儲存的資料，對你而言就是不存在，就是 Not Found。

「電子雙縫實驗」及惠勒的「延遲實驗」，這二個實驗確立：宇宙是宇宙電腦依據意識念頭創造出來的，並且是以「宇宙數據庫你的資料夾裡的資訊」為中心，而不是以物質世界為中心。量子力學是以唯心論為主，是以意識為中心。你的數據庫裡沒有的資訊，對你而言就是不存在，直到有天你看到、讀到及聽到以後，它才一躍而出，但有些是別人過去創造的，所以宇宙是「現在決定過去」。這也是許多宗教家及哲學家苦思以後的一致結論：唯心論。怪不得發明黑洞一詞，參與過曼哈頓原子彈計畫及許多偉大物理學家的導師，偉大的物理學大師約翰・惠勒堅持「資訊論」的主要原因。

譬如這個宇宙只有五個人，包括你跟愛因斯坦。在愛因斯坦還沒有發現相對論之前，我們五個人的宇宙數據庫裡，都沒有相對論的資料，所以讀取時都是not found，也就是宇宙不存在相對論。直到 1905 年愛因斯坦從數學公式導出相對論後，才創造出相對論，但只有愛因斯坦才知道，對其他人而言，還是不存在。如果你在愛因斯坦創造出相對論的半年後，才從新聞中得知相對論時，對你而言，這時相對論才會一躍而出，但對宇宙電腦而言，它是愛因斯坦半年前（過去）創造出的資訊，這就是「現在決定過去」。

太陽距離地球 8.33 光分鐘，你現在看到的太陽是 8.33 分鐘前的太陽，但是現在的太陽也存在啊！那為什麼現在與過去的太陽可以同時存在呢？其實我們現在看到的都是過去的太陽，現在的太陽，當我們現在還不能看到時，它是永遠不存在的，必須是先有意識觀察後，才會有物質的存在發生。

當意識輸入瞬間念頭後，宇宙電腦會先讀取你在另一空間數據庫的常用數據（心態與性格），經過運算，再將結果儲存並顯示在你眼前。譬如，當你抬頭遙望夜空時，宇宙電腦會依據你的當時心情，將 1.3 秒前的月亮、3 分鐘前的火星、8.6 年前的天狼星及 220 萬年前的仙女座等星星，一一的計算後，「同時」顯示在你眼前，並且心情好與心情不好的夜空，也會不一樣。

「現在決定過去」這個物理定理說明了：宇宙的本質是「唯心論」，一切就如佛祖所說的「萬法唯心所造」，「是你的思維創造了宇宙，創造了過去，創造了歷史」，「你的思維有多大有多美，這個宇宙就有多大有多美」。

結論就是：

你看到的物質世界，是你當時的想法所創造出來的。

就如同這段經典的勵志佳句：

宇宙只是投影，世界只有你對這個世界的看法。

透過批評的眼睛看，世界充滿缺陷過失之人；

透過傲慢的眼睛看，世界充滿低賤愚癡之人；

透過智慧的眼睛看，你會發現原來很多人都值得尊重和學習。

以上這段話，就是一種電腦程序的結果，是宇宙電腦依據你在宇宙數據庫裡的常用數據（心態與性格），經過處理計算後，再將這個世界顯示在你眼前。

因此我們必須明白，所有體驗不過是大腦當時創造出來的現實影像。

現實世界有兩種：一種是物質本身的現實，另一種是個人體驗的現實，這是我們大腦中對世界的重建。而這兩個現實都是真實的。雖然主觀體驗是大腦重塑創造出來的，但也是真實的，甚至是我們唯一所知的真實。

當我們混淆了體驗的現實與物質的現實——混淆了事物的外在和本質時，幻覺就會出現。當我們相信腦海中的影像就是外在世界，妄念就產生了。

不同資訊顯示不同的世界：一念一世界。

網路上很流行這段話：

一場電影落幕，

有人看到了愛情，有人看到了正義，

有人看到了友誼，有人看到了人生。

一段人生，

有人看到了財富，有人看到了健康，

有人看到了感情，有人看到了智慧。

你看到的，其實是你的心，

你的心是什麼，你就看到了什麼；

你的心變了，看到的，也就變了。

你的愛人，以前你很愛她，現在變成親情，對電腦而言，愛情及親情是兩個不同的數據，因此愛情與親情所創造出來的世界是不一樣的，一個是情人眼中出西施，一個是俗不可耐的黃臉婆，但是你的愛人是沒變的，所以電子會認為是現在決定過去，不是嗎？

宇宙電腦計算過程：

意識的念頭（新選擇及新想法）→能量（宇宙電腦產生後儲存）→物質（投影）→影響意識的新念頭→新能量→新物質（投影並取代舊物質）→持續反饋循環。

這就是意識創造宇宙的原理。

CHAPTER

04

另一空間是如何投影到我們這個世界

在一粒沙中
看到全世界
在一朵野花中
見到天堂
將無垠
握在手掌中
見永恆
於一剎那間
——威廉·布萊克

EPR駁論：請證明月亮只有在看著它時才真正存在

當哥本哈根學派提出「這是一個充滿不確定的虛幻世界，直到生命意識觀察時才產生真實的物質世界」的論調時，這在 1920 年，簡直是不可思議，很嚇人，顛覆當時所有人的認知。這讓遵循確定論的愛因斯坦很不舒服，立即跳出來帶頭反對，他不相信這個世界竟然存在一個無法預測和確定的現象。還對「機率的解釋」說了一句著名的話：「上帝不擲骰子！」並在一次散步時問他的學生派斯教授：「你是否相信，月亮只有在看著它時才真正存在嗎？」

為此，愛因斯坦與哥本哈根學派為首的波耳，從此展開了物理學界最著名的「愛波論戰」。他們兩人的爭論主要集中在量子力學的理論基礎及哲學思想方面。實際上，也正因為這兩位大師的不斷論戰，量子力學才能在辯論中快速成熟發展。

索爾維（E.Ernest Solvay）是比利時一位發明制鹼法而致富的企業家，

在 1911 年，索維爾舉辦第一次國際索爾維會議非常成功後，就在隔年於布魯塞爾創辦了索爾維國際物理學化學研究會。該學會致力於邀請世界著名學者討論有關物理與化學的前端問題，每 3 年舉辦一次。第 26 屆國際物理學索爾維會議於 2014 年在史丹佛大學舉行，主題為：天體物理及宇宙。

剛開始舉辦的索爾維會議正逢 20 世紀初物理學重大發展時期，參加者又都是當時最重要又最有名的大師級物理學家，也使得索爾維會議成為物理學發展史上最成功最重要的科學會議。

▲圖 1.14　索爾維會議

那時大師級的物理學家對索爾維會議是極為重視且都會參加，因此，當年那幾屆索爾維會議就變成了量子力學的大型研討會，也就是愛波論戰的重要戰場。愛波論戰有三個回合值得一提，前兩次為 1927 年和 1930 年的索爾維會議，第三次則是第七屆索爾維會議後的 1933 年。

次數	年份	主題	主席
1	1911	輻射與量子理論	亨德里克・洛倫茲（萊頓）
2	1913	物質的結構	
3	1921	原子與電子	
4	1924	金屬的電導率及相關的問題	
5	1927	電子與光子	

次數	年份	主題	主席
6	1930	磁	保羅・朗之萬（巴黎）
7	1933	原子核的結構及特性	
8	1948	基本粒子	威廉・勞倫斯・布拉格（劍橋）
9	1951	固態	
10	1954	金屬的電子	
11	1958	宇宙的結構與演化	
12	1961	量子場論	
13	1964	星系的結構與演化	羅伯特・奧本海默（普林斯頓）
14	1967	基本粒子物理學的根本問題	R. Møller（哥本哈根）
15	1970	原子核的對稱性	Edoardo Amaldi（羅馬）
16	1973	天體物理學與引力	
17	1978	平衡和非平衡統計力學中的次序與波動？	Léon van Hove（CERN）
18	1982	高能量物理學	
19	1987	表面科學	F. W. de Wette（奧斯汀）
20	1991	量子光學	Paul Mandel（布魯塞爾）
21	1998	動力系統與不可逆轉	Ioannis Antoniou（布魯塞爾）
22	2001	通訊物理學	
23	2005	量子結構中的空間與時間	戴維・格婁斯（聖巴巴拉）
24	2008	凝聚態的量子理論	Bertrand Halperin（哈佛）
25	2011	量子世界理論	戴維・格婁斯
26	2014	天體物理和宇宙學	羅傑・布蘭德福德（史丹佛）

▲ 圖 1.15　索爾維物理會議

EPR 駁論提出這麼一個假想：既然粒子沒觀察前是以波的型態擴散在整個宇宙空間中，直到你觀察測量時才會瞬間縮為一個局域的點粒子。那麼一個母粒分裂出來的兩個糾纏粒子，依照哥本哈根學派的理論，就算沒觀察之前散佈在很遙遠的宇宙兩邊且距離超過幾億光年，一旦其中一個粒子被觀察到時，另一個粒子就應該瞬間呈現相對應的狀態。

如果讓我們想像一個大粒子，它本身的自旋為 0，但不穩定，很快衰變成兩個小粒子，以光速向相反的兩個方向飛離。因為總體守恆定律，當一個粒子為左旋時，另一個便一定是右旋。在沒觀察其中任何一個之前，它們的狀態都是不確定的，其中一個粒子可能是左旋，也可能是右旋，但是假如兩個粒子飛離到相當遙遠的距離，如一萬光年，當你觀察其中一個粒子是右旋或左旋時，另一個應該要「瞬間」產生相對應相反的自旋。因為兩個粒子的距離是超過光速，這種「幽靈般超距離作用」，只存在電子以波的型態擴散在整個空間中。

如果能證實這種超過光速傳達訊息的現象，那就可以證明波耳是對的，而愛因斯坦是錯的。

愛因斯坦最後為了表明自己的堅持立場和反對哥本哈根解釋，於1935年3月，和他的兩個同事波多斯基及羅森，三人共同在《物理評論》雜誌上發表了一篇論文，名字叫《量子力學對物理實在的描述可能是完備的嗎？》，針對哥本哈根解釋提出了一個駁論，這個就是著名的EPR駁論。之後，人們就以署名的三人名字的第一個字母命名，稱為「EPR駁論」（附錄七）。

提出這個駁論後，愛因斯坦胸有成竹的認為自己有朝一日一定會大獲全勝，因為他的理論已經證明宇宙沒有超過光速的東西，他要波耳證明宇宙有一種超光速的「幽靈般超距離作用」的存在。

量子糾纏與全像宇宙投影

這個駁論一直到1982年，才由法國科學家Aspect小組，用鈣原子所做的實驗，最後證明確實有超過光速「幽靈般超距離作用」的存在，這種現象被稱為「量子糾纏」。

簡單說就是：一個大粒子，很快衰變成兩個小粒子，以光速向相反的兩個方向飛離，當單獨干擾其中一個粒子，另一個粒子就會同時瞬間感應，儘管兩個粒子是以兩倍光速遠離，這種超光速好幾倍的現象稱為「量子糾纏」。量子糾纏可說是量子力學最著名的理論，算是物理學史上影響最深遠的實驗之一。

從那時起，直到現在，世界上所有進行過的實驗數據都站在哥本哈根派這一邊，顯示愛因斯坦是錯的。愛因斯坦一直認為上帝不擲骰子，但是霍金卻說上帝不但擲骰子，他還把骰子擲到我們看不到的地方去。

那為什麼會有這種不可思議能超過光速的「幽靈般超距離作用」存在呢？

這種駭人的現象，美國物理學家大衛・玻姆（David Joseph Bohm）所著的《Wholeness and The Implicate Order（整體性與隱纏序）》一書中，提出了一個獨特的想法：

「這意味著我們這個物質世界並不存在，雖然宇宙看起來很真實，其實它只是一個投影假象，而是一張巨大的**『全像宇宙投影』相片！**」

想要了解這個顛覆性的想法，首先我們必須先了解什麼是「全像投影相片」。

這是一種用雷射做出的三維立體攝影相片，雷射光射出經過分光鏡後分為兩道光，一道光通過濾波器（可以減少雜訊造成的散射）後，投射在被拍照的物體上，物體反射的物波再與另一道也是通過濾波器的參考光形成干擾，然後將干擾波形儲存在全像底片上。因為全像投影比傳統照相多紀錄了物體光的相位，所以全像照片便可以呈現出立體影像。與傳統照相不同的是，這張底片上看起來只是一大團像水波的紋路，這種二維平面的資訊紋路，根本是看不出被拍照物體的任何三維立體影像，可是當我們用雷射光以正確的角度投射於底片上時，就會顯現出該物體的三維立體影像，也就是：三維投影影像的資訊，是儲存在二維資訊碼上。

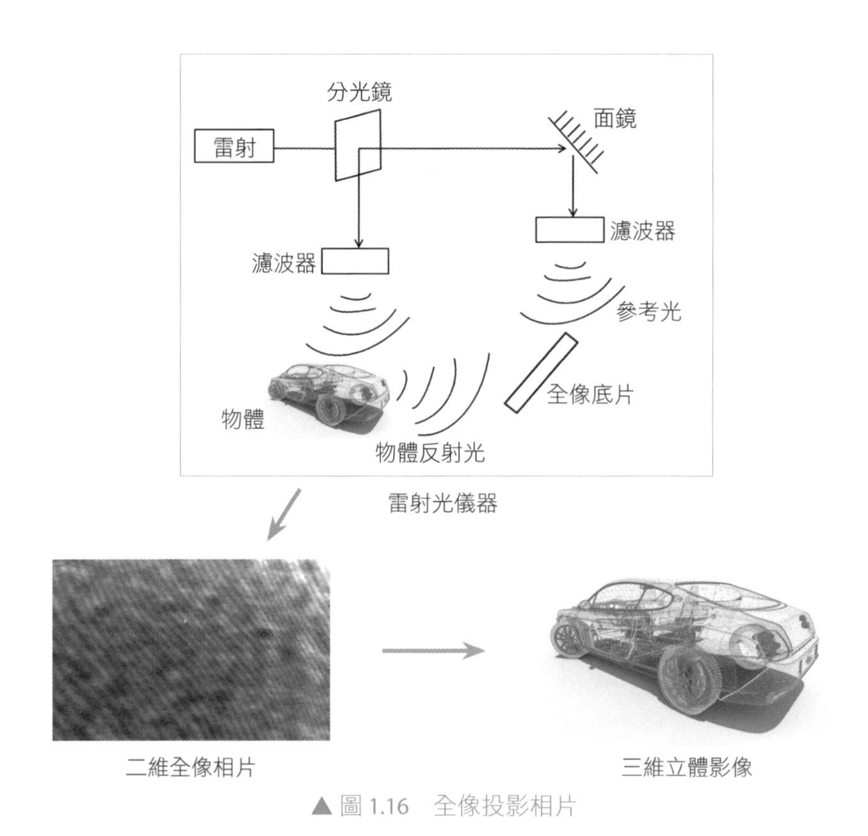

▲ 圖 1.16　全像投影相片

全像投影技術是 1947 年由英國匈牙利裔物理學家丹尼斯・蓋伯（Gábor Dénes）發明的，並因而獲得 1971 年的諾貝爾物理學獎。全像投影相片還有一個驚人的發現：如果我們把全像投影相片撕割成兩半，然後用雷射光投射在其中半張上，結果顯現的卻是整個三維立體影像，而不是半張影像。如果把剩下的一半再撕割成兩半，這 1/4 張相片竟然還是顯現整個影像，同樣的再繼續撕割兩半下去，結果每一撕割後的更小半張，都還是顯現出一個較小但是完整的整個影像，只是其影像逐漸變模糊而已。這個現象就像玻璃碎片一樣，每個小碎片還是可以顯現整個影像。也跟人類全身無數兆個真核細胞一樣，每個細胞裡都藏著可以複製另一個自己的基因密碼資訊。這種「整體包含於部分中」的觀點，大衛・玻姆稱為：「全像宇宙」理論。

「全像宇宙投影」理論：我們的思維是遙遠地方的全像宇宙投影

全像宇宙理論讓大衛・玻姆帶來了靈感且勇敢的提出：量子糾纏超光速的「幽靈般超距離作用」，其實不是距離多遙遠，而是它們的分離，其實只是一種投影假像。真相是，我們宇宙的基本粒子並不是散佈在廣大的空間中，而是所有的粒子都是放在一個高維度空間的「宇宙數據庫」裡，並且都是相互有關連的。也就是說：**宇宙數據庫裡面存放了我們這個世界的所有能量形式的二維資訊碼，然後經過量子糾纏，將我們的三維影像投影在大腦（電腦螢幕）上**。而且這個大型宇宙數據庫是屬於全像式的結構，是宇宙一切事物的根源，它儲存了包括過去所有存在的基本粒子，是一切物體的二維資訊碼（能量形式）的所有可能組合與紀錄。大衛・玻姆認為：宇宙的物質是假像不存在的，我們的思維是遙遠地方的全像宇宙投影，我們的世界不是物質的，而是資訊的，我們感受到的宇宙，其實是外界的投影資訊。並且宇宙是一個不可分割且各部分之間都緊密關聯的整體，任何一部分都包含整體的資訊。

更明確的說法就是：我們的物質世界，實際上只是從「高維度空間」的「宇宙數據庫」裡的「二維資訊碼」投影到我們這個物質世界的一幅「三維全像圖」而已，而大腦只是一部全像宇宙投影的接收螢幕，這個理論就稱為「全像宇宙投影」。

量子力學家用顯微鏡觀察原子的組成，可以看到一個很小、無形的、像龍捲風的漩渦，以及一些無限小的能量漩渦，稱為夸克與光子，是組成原子的成分。當往內再進一步觀察原子結構的時候，卻看不到東西，你只會看到一個虛無的物理空間：「一個沒有實體的物理結構，一個我們看不到的實體結構。」**實體的東西竟然是沒有實體結構！原來原子是由無形的能量組成，而不是由有形的東西組成。**

▲ 圖 1.17　全像宇宙投影

物質只是一種投影而已，你的感官接觸的只是一些電子信號吧了！《時代》週刊 2006 年度人物約翰霍普金斯大學物理與天文教授李察・亨利（Richard Conn Henry）說：「不要再反抗，接受這個不容爭辯的結論。宇宙不是物質的，而是心智與心靈的！」

找到有關「全像宇宙投影」理論的科學線索

目前，想要證實「全像宇宙投影」理論的存在，確實是很不容易也很不可思議，但是科學家還是有找到一些蛛絲馬跡，目前確定有兩個有關「全像宇宙投影」理論的科學線索被發現，分別是「黑洞資訊駁論」及「宇宙噪音」：

1.「黑洞資訊駁論」：

在 20 世紀 70 年代，物理學家對黑洞的熱力學現象發生了許多質疑，他們認為如果被黑洞吞噬的物體，連它所攜帶的「資訊」都永遠消失，那就違反量子力學的資訊不滅定理，也就是所謂的「黑洞資訊駁論」。同時，黑洞吞噬物體並讓自身質量增加後，如果它的熵值沒有相對應增加，那就違反熱力學第二定律。

後來，史蒂芬・霍金提出黑洞「霍金蒸發及射線」理論（附錄八），最後確定宇宙數據庫裡的二維資訊碼是永遠不會消失的。簡單的說：**當物體進入黑洞時，物體（投影的三維）會被摧毀，但是物體的二維資訊碼，還是永遠存在，而且是散落在黑洞的四周。**

二維資訊碼就是宇宙數據庫裡的意識資訊（靈魂）及萬事萬物的經驗值。

三維物體就是投影的物質世界。

2.「宇宙噪音」：

2016 年科學界最重大的發現，就是證實「引力波」的存在，但在還沒發現引力波之前，研究人員一直對巨型探測器經常產生的噪音而困惱不已。後來費米實驗中心粒子天體物理學主任克雷格・霍根（Craig Hogan）才忽然對噪音的存在提出了合理的解釋。他認為宇宙的時間與空間並不是連續平滑而是不連續的粒子狀態，就像把圖片放大到很大倍數時，你會發現它是由像素粒子所組成。探測器的噪音，就是探測器正遭受微粒子震動的襲擊。針對此現象，霍根說：「假如引力波探測器得到的結果和我的推測吻合的話，那麼可以判斷，**我們都是活在一幅巨大的『宇宙全像圖』**

APPENDIX-8

史蒂芬·霍金提出黑洞「霍金蒸發及射線」理論，他認為黑洞會蒸發和縮小，是由於黑洞不斷噴射放射線直到黑洞不斷蒸發至消亡殆盡（目前，已有兩支獨立研究小組發現了支持霍金理論的有力證據，這些發現將幫助霍金獲得諾貝爾獎）。此外，1972 年，以色列耶路撒冷希伯來大學的雅各·伯肯斯坦證明，黑洞的熵，其實就是黑洞的「資訊」量，與黑洞的視界表面積成正比（視界是包圍黑洞的一個理論表面，視界由無數臨界點構成，物質或光線一旦越過這些臨界點，墜入視界以內就再也無法返回）。

最後，弦理論學家們也證實，黑洞的物體最後雖然消失殆盡，但是它的「資訊」會被調至到視界上，視界隨後將這些「資訊」印刷在慢慢遠離黑洞的霍金射線上，如此一來，黑洞消失殆盡時，也不會發生「資訊」消失而違反資訊不滅定理及熱力學第二定律。

黑洞的資訊量是與表面積而不是與立方體成正比，代表每個二維正方形，都是一個普朗克空間大小，裡面儲存了該黑洞的二維資訊碼。黑洞從形成開始就一直吞進物體並吐出二維資訊碼在視界裡。所以只要獲取到視界的所有二維資訊碼，就能知道黑洞裡面所有的資訊與世界，另一個空間或宇宙的真實面貌。相同的，我們這個世界的真實面貌，也可以從產生我們這個世界的黑洞的視界資訊量中獲取得知。這也代表宇宙真的是一種虛幻，一切都是二維資訊碼及投影。

中。」

越來越多的物理學家支持這個全像宇宙投影的假說。

目前在物理學中，越來越熱門的全像原理（Holographic principle），則是結合弦理論（將在第六章介紹）與量子引力的全新理論。這個原理的靈感是來自於前面所說的黑洞熱力學。

全像原理首先是由黑洞及量子引力專家的荷蘭物理學家傑拉德・特・胡夫特（Gerard 't Hooft）所提出，之後經弦理論專家的美國物理學家李奧納特・蘇士侃（Leonard Susskind）賦予弦理論版本的全像原理，他將特・胡夫特與查爾斯・索恩（Charles Thorn）的成果做結合，並於 1997 年由阿根廷物理學家胡安・馬爾達西那（Juan Maldacena），提出全像宇宙原理的模型。

馬爾達西納（Juan Maldacena）認為，宇宙是由一維的弦振動所組成，並由這些弦產生引力，而弦宇宙其實只是一幅由另一空間投影過來的全像圖，另一空間才是真實存在，其本身可能更簡單、更平坦，而且沒有引力。

接著日本茨城大學的物理學副教授百武慶文（Yoshifumi Hyakutake）也於2013 年 12 月在《自然》雜誌發表研究，證明我們這個宇宙實際上是另一個空間的投影。

自從 1997 年，馬爾達西納（Juan Maldacena）提出全像宇宙原理的模型後，有越來越多的研究證實了這個理論。全像宇宙投影也許你認為很荒

謬，但是物理學家可不是這麼想。

宇宙真相五：物質世界是宇宙投影，真實世界是被資訊涵蓋著

在麥可・泰波（Michael Talbot）所著的《全像宇宙投影三部曲》一書中，提到「全像宇宙投影」的主要理論架構，是由前面的美國物理學家大衛・玻姆及史丹佛大學神經生理學家卡爾・普利邦（Karl Pribram），神經生理學教科書範本《腦的語言》作者，兩位所共同建構的。

普利邦是因為在一項訓練老鼠走迷宮實驗中發現，不管切除老鼠腦部那一部分，都不影響老鼠走迷宮的記憶，所以他認為記憶並非儲存在腦中，而是在別的地方，因而創立了「全像腦學說」。並且跟領域不同的物理學家大衛・玻姆一拍即合。

在《全像宇宙投影三部曲》一書中，又提到普利邦與玻姆的「全像宇宙投影」理論，是這樣來描述這個宇宙:**「我們的腦，不斷的以數學方式轉換另一空間的頻率，成為所謂的現實世界，這些頻率，事實上是來自更深秩序層的生存空間，超越我們所知的時間與空間，腦本身，即是一個隱含於全像宇宙中的一個全像。」**

簡單的說：

●這個宇宙是不存在真實的物質，而是一種能量（頻率）波動，並以二維資訊碼的方式，全部存放在高維度空間裡的宇宙數據庫中。

●大腦應該是一部全像宇宙投影的接收螢幕，我們經歷過的所有事情，都是經由大腦加工處理，把二維資訊碼轉換成三維「投影全像圖」後，再呈現出我們這個現實世界。

我們這個現實世界只是一種幻覺，而真正存在的則是一個「充滿能量波動」的大數據庫，大腦只是從這個大數據庫中讀取一部分資訊，然後轉換成我們五覺感官的認知。這就是「宇宙是一個不可分割且各部分之間都緊密關聯的整體，任何一部分都包含整體的資訊」的主要原因。

全像宇宙投影理論明確說明，我們所看到的一切，包括身體，都已被壓縮成二維資訊碼的能量形式，被儲存在高維度空間的宇宙數據庫裡，那裡的二維平面包含了再現三維影像的所有資訊；然後再以量子糾纏超光速的幽靈般超距離作用，將能量形式的二維資訊碼，轉換投影到相當於三維電腦螢幕的大腦上。

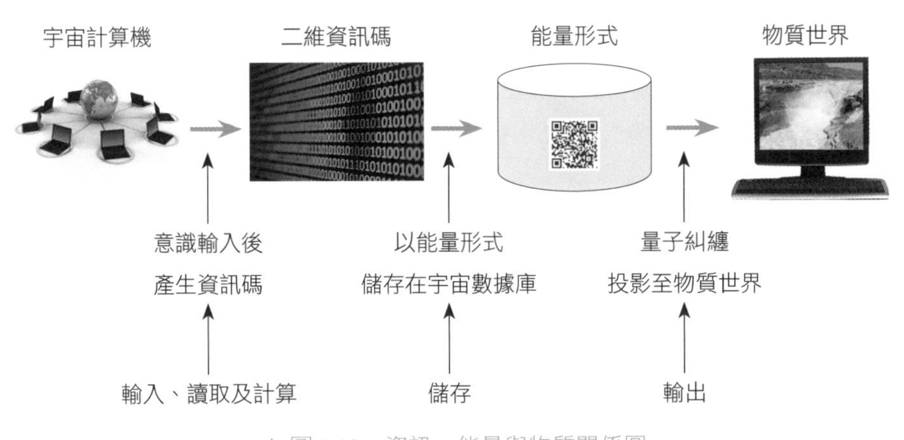

▲ 圖 1.18　資訊、能量與物質關係圖

在這之前，宇宙只有能量與物質兩種元素，現在變成宇宙是由能量、物質及資訊（二維資訊碼）三種元素所組成，這三者的關係如下：

能量是「波」是「看不到」是「永遠存在」的，物質是「投影的像素粒子」是「看得到」是「只能瞬間存在」的，**物質的投影本體是能量，而**

能量形式的內容表達，必須靠資訊位元的排列組合碼來明確定義。

在愛因斯坦的質能方程式及能量不滅定理中，認為物質就是能量，但是物質能被產生也會消失，而且還是一種不連續的像素粒子，因此物質絕對不是連續平滑的實體，而是一種投影，我們會覺得物質是真實存在，那只是一種電子信號。雖然物質會消失，但是它的投影本體的能量，卻是永遠存在，只是以不同的能量形式在做轉換。就像我們吃進牛肉，牛肉這個物質被消化光不見了，但是牛肉原本的能量是不會消失，而是變成我們身體的一部分。

不同能量形式的能量，最後就是以資訊的不同排列組合來定義與解釋，能量是一種正弦波，不同大小正弦波的排列組合，就代表不同的能量形式與內容。像我們吃進牛肉之前與之後，身體會因身體細胞排列組合的改變而變得不一樣，其道理是一樣的。我們都是由相同的原子或碳元素所組合成，但會變成不同的樣子，是因為排列組合不同，也就是資訊碼不一樣。

物質和能量是客觀存在的、有形的，資訊是抽象的、無形的。物質和能量是系統的“軀體”，資訊是系統的“靈魂”。

資訊要借助於物質和能量才能產生、傳送、儲存、處理和感知；物質和能量要借助於資訊來表述和控制。

所以：

物質就是能量，物質是能量的投影體，物質的本體是能量，物質是能量的載體。

能量的本體是資訊，能量是資訊的載體，能量的表達及定義是由資訊來決定。

所有的物質都是能量，而能量是由資訊來表述。

所以宇宙最終的解釋就是資訊位元組合，就是數位化（0與1）。

發明黑洞一詞的物理學家約翰·惠勒就說：萬物源自比特（It from Bit），也就是「任何事物的任何粒子及任何力場，甚至時空連續統本身」都源於資訊。

總之，宇宙的核心是資訊，並透過數學來創造整個宇宙活動，包括你我。

也就是說：生命是一種計算過程，其目的就是不斷添加及累積有意義的資訊於宇宙數據庫，這就是哥德爾不完備性定理的真正內涵。

CHAPTER

05

另一空間到底在哪裡？

真空不空
妙有非有
妙有不礙真空
真空不礙妙有
——佛經

零點（真空）能量：來自另一個世界的力量

真空並非空無一物，這個說法似乎自相矛盾，真空怎會不空呢？

當物理學家把所有物質及能量從一個封閉的空間抽去之後，雖然已經真空看不到任何東西，但很奇怪，還是可以偵測到一些東西。而這種東西依據量子力學顯示，在真空中竟然是蘊藏著巨大的基本能量，它在絕對零度下仍然存在，稱為「零點能量」。

這個非常有趣的現象，只有依靠量子力學才能驗證它確實存在，**甚至這種幽靈般的能量與真空，很有可能跟靈魂有關**。

零點能量的概念是來自量子力學的核心理論：海森堡的「不確定性原理」。

該原理指出：不可能同時以較高的精確度得知一個粒子的位置和速度。因此，當溫度降到絕對零度時，粒子必須還是要在振動；否則，如果粒子完全停下來，那它的速度和位置就可以同時精確的測知，而這是違反「不確定性原理」的。

在絕對零度下，任何能量都應消失，構成物質的所有分子和原子均應停止運動。可就是在絕對零度下，還是存在一種能讓粒子還在振動的能量，這就是真空的「零點能量」。

這股力量是來自另一個世界的，當真空時，會有粒子憑空出現然後消失，只維持總合是零。當有粒子，在絕對零度時，粒子從古典熱力學改依量子力學，完全靜止不運動的粒子還是會受到另一世界能量相互作用，仍然在振動。因為兩種力量相互糾纏，所以當物理學家把我們這個世界的力量抽空後，另一個世界的力量就顯現出來。這種能量非常強大，一個略小於賭場的骰子的真空立方體空間（一立方公釐），就包含了相當 10 的 94 次方克物質的能量，而太陽每秒要散發出大約五百萬噸的物質，也只相當於 5x10 的 12 次方克。

狄拉克之海：負能量大海

既然真空中有如此多的質量，那麼為何我們什麼都看不到呢？最後物理學家又是怎麼找到的呢？

1928 年，26 歲的英國物理學家狄拉克（Paul Adrien Maurice Dirac），在與費米先後提出描述所有自旋量子數為半整數的粒子分布狀態的統計規律，即費米-狄拉克統計時，他發現電子所攜帶的能量 E，自己導出的是 E^2的方程式，這意味開根號後，能量將會有一正一負兩個數值。也就是說，帶正能量電子是在不停的跟真空中另一個世界的其他帶負能量電子相互作用。狄拉克證明了真空中含有無數帶負能量正電荷的電子，且無法用任何方法測量，而且這些負能量的電子必須存在，才能保證宇宙中出現一個帶正能量負電荷的電子。並且帶正能量的電子不會跌落到都是負能量的虛無大海中，是因為真空中塞滿了向相反方向旋轉的虛擬電子，讓真空滿到再也裝不下任何東西。而這個填滿空間每一絲縫隙的負能量大海，就稱為「狄拉克之海」。

此外，狄拉克還認為，如果用高能量射線從狄拉克之海中撞出負能量電子，當它躍出海平面上，就會由一個虛擬電子變成一個帶負電荷的真實電子，並在身後留下一個空洞。這個空洞會帶著與電子相反的正電荷，在空間的真空中穿行，這個粒子，也就是狄拉克海的空洞，就被稱為「正電子」，又稱作「反電子」。後來，狄拉克更把理論涵蓋至整個宇宙，同時延伸出「反原子」、「反質子」及「反物質」等新概念。假如電子恰好掉到海中的某一空洞，則該電子和該空洞立刻消失，並釋放出相當於2倍電子質量的能量，這稱為電子與正電子雙湮滅現象，於是能使物質湮滅的「反物質」概念便正式產生至今。

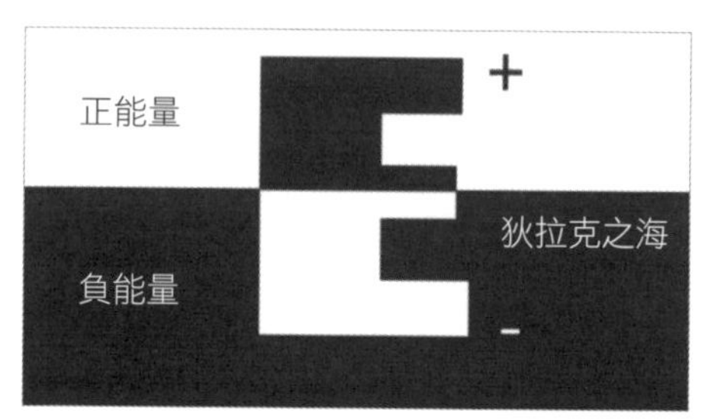

▲ 圖 1.19　狄拉克之海。（圖片出自：《靈魂與物理》，弗雷德・艾倫・沃爾夫，台灣商務印書館 1999）

在空無一物的真空中，到處都是同時出現的電子和空洞，它們會瞬間出現便消失，然後又回到原來的地方。這種永遠保持的滲透關係，會在真空深層裡不停的產生，也因為有這種真實粒子與虛擬粒子的量子糾纏作用，才會形成你在收音機裡所聽到的靜音干擾，同時這也是產生萬事萬物的唯一來源。像古代中國就認為真空能量是一種「氣」：氣是一種神祕的能量，在佛教中又稱作「空」，是宇宙萬事萬物包括思想和感情產生的來源。氣是一種一直與萬物量子糾纏及傳遞資訊的能量，其中還包括人類自己，因此，有些人認為「氣」就是意識能量。

尋找「反世界」

狄拉克之海發表沒幾年，於1932年，從事宇宙射線研究的美國科學家卡爾．安德森（Carl David Anderson）就在他的實驗室撞見質量與普通電子相當，但卻帶相反電荷的「正電子」，這個發現不僅印證狄拉克的學說，並為他很快就獲得諾貝爾獎，同時也打開通向神祕反物質世界的大門。1955年發現了反質子，1956年反中子也在同一加速器誕生。最終，除少數粒子的反粒子就是其本身之外（如光子），多數粒子都有自己獨一無二的反粒子被發現。顯然在另一時空還有一個反物質所建構的「鏡像宇宙」。而這個**鏡像宇宙是跟我們的物質世界有量子糾纏的關係，進而產生全像宇宙投影的互動。**

靈魂粒子

何謂靈魂？量子力學可以解釋靈魂嗎？

物質世界的真實粒子是跟另一空間的虛擬粒子不停的發生量子糾纏相互作用，這種帶負能量、旋轉的虛擬電子是浸沒在狄拉克海中，而且都帶有資訊記憶。電腦是由 0 和 1 組成的，宇宙電子的自旋，向上向下代表著 0 和 1，平時依據「不確定原理」，不停的旋轉，直到你的意識做了選擇後，電子才確定向上或向下，就相當電腦的 0 和 1。電子旋轉時，是由一對粒子相互作用產生的，分別是我們這個世界的真實粒子與另一空間的虛擬粒子（反物質的正電子）。量子糾纏就是真實粒子與虛擬粒子不停的在傳遞資訊。而那個虛擬粒子，美國物理學家弗雷德．艾倫．沃爾夫（Fred Alan Wolf）稱為：靈魂粒子。

宇宙的核心理論就是不確定性，就是許多 0 和 1 的選擇，就是一連串資訊的組合，就是宇宙萬物的來源。

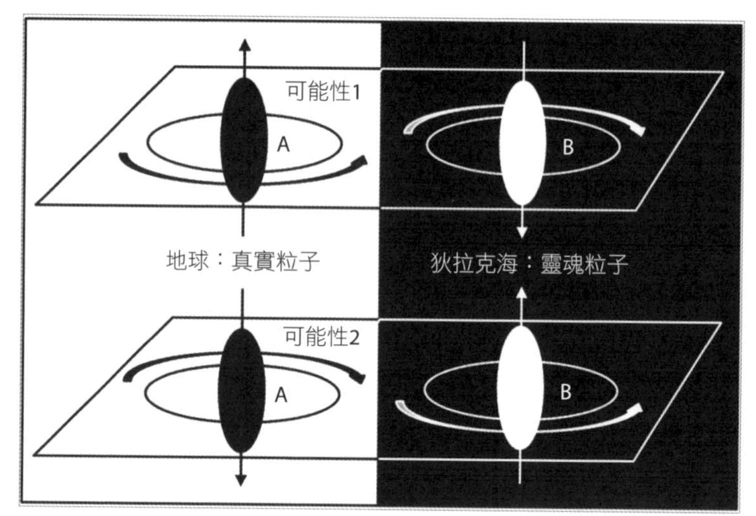

▲圖 1.20　地球真實粒子與另一空間靈魂粒子的量子糾纏的思維模式。
（圖片出自：《靈魂與物理》，弗雷德・艾倫・沃爾夫，台灣商務印書館 1999）

宇宙真相六：宇宙萬物的能量就放在反物質世界的宇宙數據庫裡

宇宙起源於一次大爆炸，英文叫做 Big Bang！

一切，開始於 10 的 43 次方分之一秒，創世紀的剎那，十維宇宙分裂成一個四維宇宙和一個六維宇宙。

四維宇宙就是我們這個投影的物質世界，六維宇宙就是反物質世界。

狄拉克的反物質世界就是高維度空間的宇宙數據庫，在宇宙大爆炸後，宇宙形成兩個世界，一個是三維物質世界（加上時間就是四維），另一個就是反物質世界，因為裡面是儲存著宇宙所有意識（靈魂）及萬事萬物的二維資訊碼，所以又稱為資訊世界。

到目前為止，已經有兩個物理理論證實了另一空間的宇宙數據庫，一個是全像宇宙投影理論的高維度空間，另一個是狄拉克之海的反物質世界。接下來還有其他理論會證明宇宙數據庫的存在。

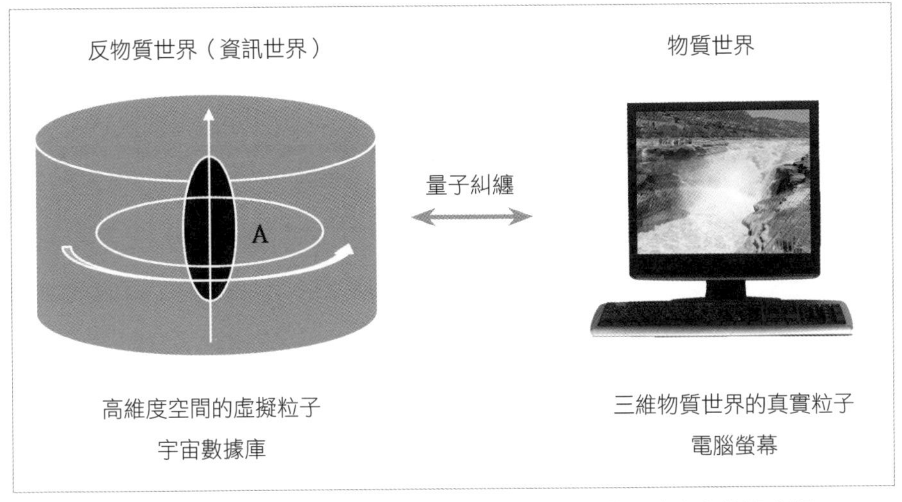

▲圖 1.21　宇宙萬事萬物的能量，就放在反物質世界的宇宙數據庫裡

CHAPTER

06

宇宙最小單位到底是什麼？

在科學上，每一條道路都應該走一走，
發現一條走不通的道路，就是對科學的一大貢獻
那種證明“此路不通”的吃力不討好的工作，
就讓我來做吧！
——愛因斯坦

秩序與紊亂的結合

現代物理學是建立在兩套基礎理論之上，一個是愛因斯坦的廣義相對論，它研究的是一個巨大質量與物體的宏觀世界，也是一個有規律的世界，如星球、星系及整個宇宙。另一個是量子力學，它研究的是一個最微小粒子的微觀世界，也是一個充滿不確定的世界，如原子、電子及質子。

這兩套理論均能完美的描述各自的世界，但不幸的是，廣對相對論及量子力學是不能同時成立的，這兩套理論雖然讓人類在宇宙了解及物質結構兩方面取得驚人進展與重大貢獻，但是它們却是互相矛盾，完全不能相容，是無法統一的。

或許兩個世界可以獨立各自發展，過去的 50 年來，住在同一屋簷下，雖然形同陌路但也相安無事。問題是，宇宙還是有特殊的狀況會發生並且要解釋清楚的，譬如黑洞及宇宙大爆炸。前者是，一個從巨大質量的

物質被壓縮成微小尺寸的黑洞，後者是，從一個微小的塊體一瞬間爆發成整個宇宙的大爆炸。這兩種現象都牽涉到既微小又巨大的領域，很不幸，必須同時應用到廣義相對論及量子力學，但結果都是導出無意義的答案。

因此，物理學家必須找出及相信，宇宙一定有一個主程式，它可以解釋宇宙所有的一切，能將廣義相對論及量子力學統一起來。很慶幸的，在經過多年的探討及研究，物理學家們終於找到一條可以直通宇宙主程式的道路，並將我們帶到另一個嶄新又神奇的新世界裡——**「弦理論」的世界**：一個可以描述所有作用力與物質的理論，不管從原子到地球再到無垠的星空，還是從時間的開端到結束的最後一刻，它能將世間萬物，都盡歸在這個理論裡，所以又稱「萬有理論」（theory of everything）。

量子力學與廣義相對論的矛盾

大約在愛因斯坦發表廣義相對論（宏觀世界的法則）10 年後，微觀世界的法則——量子力學才後來快速崛起。這時，當物理學家想把兩套理論統一起來時，很快就發現，那是不可能的事情。而之間最主要的矛盾，就是廣義相對論的「引力」與量子力學的三種作用力（「電磁力」、「弱力」及「強力」），在描述上不能一致，當然就無法統一了。就像數幾頭牛跟數幾片雲彩，是無法合併計算的道理一樣，硬要合併計算，就會變得很荒謬。

理論	作用力	信差粒子	性質
量子力學	電磁力	光子	是帶電粒子與電磁場的相互作用以及帶電粒子之間通過電磁場傳遞的相互作用。
	強力	膠子	又稱強核力，所有物質都是由原子構成，原子是由電子及原子核組成，而原子核是由中子及質子組成。將中子及質子相結合的力，而這種作用力又比電磁力強，所以稱為強力。
	弱力	玻色子	又稱弱核力，中子衰變過程中產生的相互作用，而這種作用力比電磁力弱，所以稱為弱力。
廣義相對論	引力	引力子	所有具有質量的物體之間的相互作用，是四種相互作用中最弱，但是作用範圍最大。

▲ 圖 1.22　宇宙的四種作用力

就量子力學而言：量子力學認為所有作用力都有一種相對應的粒子，也就是該作用力的最小組成單位，又稱「信差粒子」。譬如你用電磁射線槍發射一道雷射光束——你便是正在發射一束光子，而光子就是電磁力的信差粒子。相同的，弱力的信差粒子是玻色子，強力是膠子，但廣義相對論的引力卻一直都找不到它的信差粒子——引力子，所以當一邊可以量子化，另一邊找不到而無法量子化時，物理學家只能沮喪的放棄統一。量子力學是另一個空間的自然法則，而相對論是我們這個物質世界的自然法則，一邊是能量形式，一邊是投影假像的像素粒子，兩個截然不同的世界當然是很難統一的。

總之，廣義相對論描述的是一個美麗且莊嚴的「規律」世界，而量子力學描述的則是一個激情及奔放的「紊亂」世界。

愛因斯坦的統一理論

愛因斯坦是人類歷史上繼牛頓之後最偉大的科學家，他是現代引力論的建立者，也對量子論的創立做出了許多重大貢獻。在創立狹義相對論（1905 年）及廣義相對論（1916 年）後，在 1925 年，他又創立了一項「前不見古人，後不見來者」的偉大創新研究方向，那就是嘗試去統一「廣義相對論」的「不變性原理」與「量子力學」的「統計漲落」。

愛因斯坦在 1955 年去世前最後的 30 多年漫長歲月裡，他是一直在嘗試合併相對論與量子力學（當時科學家還沒有發現量子力學的強力與弱力）的統一場論研究。他強烈的認為所有的自然現象都可以用單一的理論來解釋，所以又稱萬有理論，但這可是違反他的好友哥德爾的不完備性理論。

剛開始，雖然大部分的物理學家都專注在新崛起的量子力學理論，但還是有一些人追隨他著手研究萬有理論。只可惜，在這漫長而艱辛的日子裡，他的每個研究，最後都因為走不下去而放棄。愛因斯坦曾在信中這樣寫著：「我大部分理智思辯的結晶都早早就埋葬在失望的墓園裡。」到了 40 年代，失敗了 20 年後，就只剩下他一個人沒有灰心，仍然繼續堅持著。但是他固執的拒絕接納量子力學，不理會年輕學者的新理論，而走進數學形式的死胡同裡，讓他晚年在物理學界非常的孤立，一直到臨死前，他還在病床上數學計算他的統一場論。

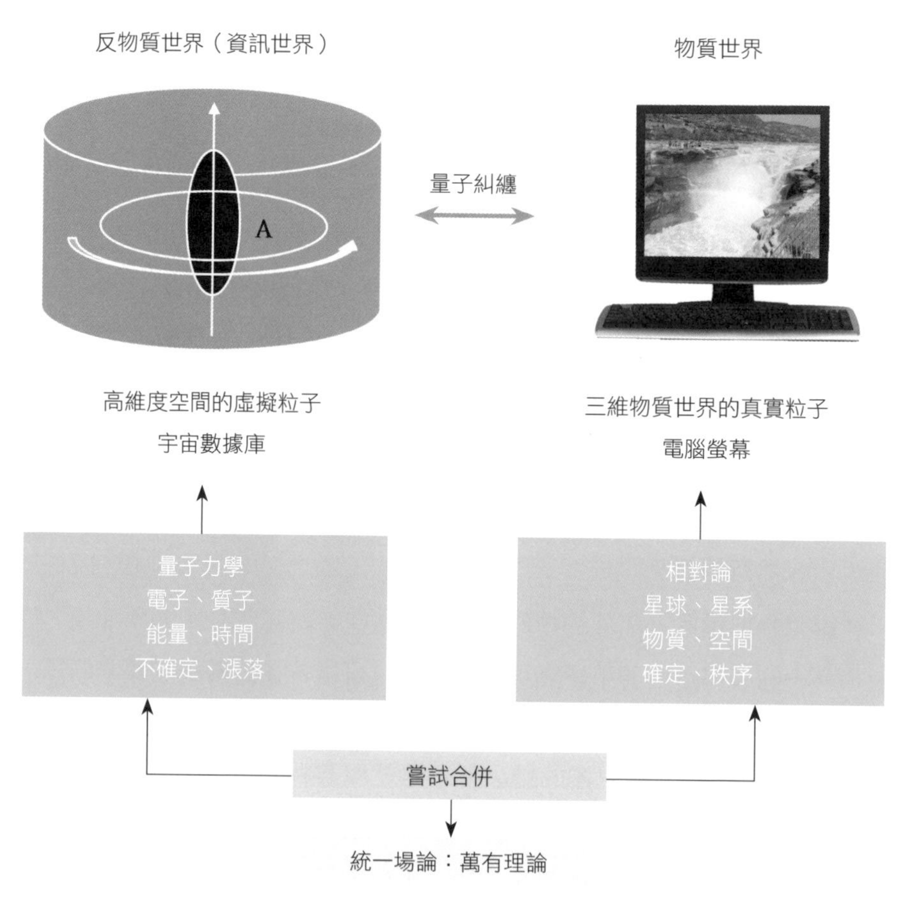

▲ 圖 1.23　統一場論：萬有理論

愛因斯坦統一場論的失敗原因有很多：

1. 他研究期間，物理學家還沒找到另外兩種作用力（強力及弱力），而且他一直局限在四維空間的概念，而引力現今已被推測有可能是存在高維度空間裡。另外，可以完成統一場論所需的知識和工具，在他 1955 年死之前，根本尚未發展出來。

2. 引力子到現在都還沒找到，顯然他的引力理論還存在一些不明確的變數。
3. 他拒絕量子力學而不是往統一路上邁進，而是企圖合併量子力學的非幾何模式到廣義相對論的幾何模式裡，忽略了物質的量子性，更何況時間總是證實量子力學的完整性與精確性。宇宙最深層的本質是量子力學，而不是廣義相對論。物理學家說：雖然人類先找到廣義相對論，但是正確的軌跡，應該是先找到量子力學。

當愛因斯坦遭德國納粹黨驅逐後，便於 1933 年前往美國普林斯頓大學高級研究院擔任終生教授。到普林斯頓的第一件事，就是跟院長談年薪的事宜。愛因斯坦說：3000 美元。院長聽後傻住也急了，這樣容易被外人誤會普林斯頓虧待鼎鼎大名的愛因斯坦，所以提醒他說：美國物價比德國貴很多。但是愛因斯坦拒絕提高年薪，院長不得已，只好避開愛因斯坦改跟愛太太商討，最後強制確定年薪為 1.7 萬美元。事後愛因斯坦強烈抗議的說：為什麼自己非得在一年內花掉 1.7 萬美元，他覺得這是很辛苦的一件事，因為當時一般人的平均年薪是 1500 美元。

愛因斯坦最後 20 年的生命都是在普林斯頓度過，也是他孤軍奮鬥於統一場論的最後歲月。雖然最後偉大目標沒有實現，但迄今仍是物理學的主要大方向，也由於他的堅持信念及努力不懈，才能激勵及鞭策更多後起之秀滿懷熱情的接棒愛因斯坦未完成的夙願，促使人類對宇宙更深層的認識，能很快的就達到更高的境界，並且被帶進一個更嶄新更不可思議的世界：弦理論。

愛因斯坦一生最大錯誤就是堅持一個空間，粒子的相對論物質世界及

能量波的量子力學另一個空間，必須兩個空間整合看待，而不是合併看待，而這個整合者就是弦理論及它的平行宇宙理論。

弦理論

在 1968 年，一位義大利的年輕物理學家加布里埃萊・威尼采亞諾（Gabriele Veneziano），原本想從實驗中所觀察到的「強力」，找出能合理解釋的數學公式。出乎意料的在一本老舊數學書籍裡，找到一條有 200 年之久的歐拉貝他函數的公式，這一發現，似乎可以將「強力」的許多性質納入一個有力的數學結構。但是這公式雖然很好用，卻沒有人知道為什麼，這是一個尚待解釋的公式。直到 1970 年，芝加哥大學的南部陽一郎（Yoichiro Nambu）、波耳研究所的尼爾森（Holger Nielsen）和史丹佛大學的撒斯金（Leonard Susskind)才真正揭露了歐拉公式背後的隱含意義，這三位物理學家認為：**如果將基本粒子當作一維度、振動、微小的弦**，那麼強力就能精確的用歐拉貝他函數來描述。最早期的「弦理論」即由此而誕生。弦理論的說法就是：**宇宙的最小單位不是點粒子，而是一根細細一直在振動的「弦」綫**。但是弦是深深隱藏在物質的核心裡，以致於微小到用最強力的檢驗器，它們看起來仍然像是一個點。

弦的不同振動和運動就產生出各種不同的基本粒子，因此弦理論是現在最有希望將宇宙間的基本粒子和四種作用力統一起來的理論。

我們的宇宙是一個充滿弦振動的世界，它美妙的音符形成不同的粒子並投影成萬事萬物，它們不停息的產生，也隨之消失。我們的現實世界，其實是由看不見的振動弦，所為我們演奏的宇宙交響曲！

到了 1984 年，弦理論脫胎換骨的大升級成「超弦理論」。這次升級發現，宇宙是生活在十維空間中，弦的不同振動方式，就會產生自然界不同的粒子，而出於某種原因，有六個維度收縮的非常微小，以致於宇宙看起來只有四維（三維空間加一維時間）。也就是說：原本看起來是一個「點」的弦，其實是一個六維的小球，是這 6 個蜷縮維度的不停擾動，才造成全部的量子的不確定性。

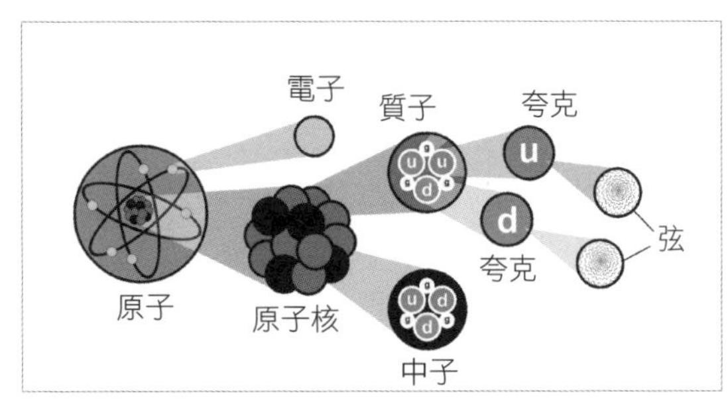

▲ 圖 1.24　宇宙最小單位：一直在振動的「弦」

超弦升級後，雖然一時很火爆，但是升級之路還是重重障礙。弦理論家們很快就碰到許多難以理解或分析的方程式，不是計算困難就是缺乏實驗技術，根本找不到具體的方案。當時，物理學家經過一連串研究發現，弦理論不但有十維空間，還跑出 5 種不同版本的超弦理論，對一個統一理論來說，5 種不同版本的理論實在是稍嫌多了一些。

第一次升級失敗後，委靡不振的弦理論家們一直頹喪到 1995 年，在一場南加州大學弦理論研討會議上，才再次從沉睡中甦醒過來。喚醒大家的愛德華・威騰（Edward Witten）在那次

▲ 圖 1.25　弦其實是一個六維的小球，是這 6 個蜷縮維度的不停擾動，才造成全部的量子的不確定性。（圖片來源 https://universe-review.ca/R15-26-CalabiYau02.htm）

演講中，讓所有人都大為震撼與驚醒。他證明了不同版本的超弦理論，其實本質上都是相同的，並將「五種超弦理論」、「十一維超引力」及「結合對偶性」三者合併統一起來，這個統一的理論就稱為「M 理論」，並提出了一個如何進行下一個步驟的計畫，進而點燃了第二次弦理論升級之路，再次掀起弦理論的研究高潮。最後，存在於低維度四度空間的三種作用力（量子力學），與產生在高維度空間的引力（廣義相對論），終於在 M 理論額外維的整合下，藉由「十一維空間」的觀念完成了統一。

目前弦理論還是停留在理論階段，很多挖苦的科學家宣稱，弦理論只能算是哲學而不是科學。原因是弦一圈的長度是原子核的一億兆分之一，我們需要一個強大的加速器，用比現今還要強上數千兆倍的能量來對撞，才能驗證弦的真正面貌。

雖然弦理論飽受爭議，但是弦理論家們還是堅信是走在正確的軌道上發展，弦理論完美的數學公式，讓他們相信不久的未來，很快就能看到弦理論統一了量子力學和廣義相對論，並且證實了所有的作用力——包括引力——都是由看不見的其他維度的無數極微小「弦振動」所產生的。

宇宙真相七：宇宙最小單位是「弦」，而弦就是資訊位元（bit）

弦理論說：宇宙的最小單位是一根細細一直在振動的「弦」線。「弦」的不同振動和運動就產生出各種不同的基本粒子。因此生命的本質，就是「弦」振動的能量，也是一種頻率，只要我們能正確了解「弦」的共振模式，就能掌握它們所彈奏的音符。

弦理論的「弦」就是電腦基本單位的「比特（Bit，即 0 或 1）」，弦分成開弦及閉弦兩種，就分別代表電腦的 0 或 1 位元，所以弦又可稱為「量子比特」。弦的振動就產生出不同的粒子能量，相同的，比特組合就形成二維資訊碼，而二維資訊碼就是能量。

區分	宇宙	電腦
基本單位	弦振動	比特 bit（0 或 1）
組合	能量（虛擬粒子、靈魂）	數據（二維資訊碼）
載體	物質	圖片
弦的組合是能量，能量的載體是物質， 比特的組合是二維資訊碼（數據），二維資訊碼的載體是圖形。		

▲ 圖 1.26　宇宙最小單位是「弦」，而弦就是資訊位元（bit）

物質是投影，能量才是真實存在，但能量只是一種模糊形式，只有深藏在能量內層的資訊碼，才能真實表達這個能量的全部面貌。宇宙如果沒有資訊這個元素，宇宙將會變成一團雲霧，變成一個沒有形狀及不固定的宇宙，所以宇宙的核心就是資訊。當量子糾纏時，真實粒子與虛擬粒子就是在傳達資訊，然後就產生萬事萬物，也就是我們這個物質世界。

最新物理學漸漸發現：當通過 **“資訊才是宇宙最基本的元素”** 的這個全新視角去看待宇宙，就能使今天所遭遇到的問題都迎刃而解。

宇宙就是數學，數學就是一種計算，當宇宙被認定是一部巨大計算機時，物理學、哲學及神學的很多關鍵問題就能一一迎刃而解。

CHAPTER

07

積極尋找 另一空間

永恒輪迴是數學的確證和邏輯的必然
在遙遠的時空之外
另一個你
不，無窮多個你
正在同樣讀著這本書
——邁克斯・泰格馬克（《穿越平行宇宙》作者）

「薛定鄂的貓」與平行宇宙

雖然科學實證總是站在哥本哈根學派這一邊，愛因斯坦顯然錯了，但是爭論還是不斷延續下去，反而激起更精采的高潮故事。

量子力學的微觀世界與宏觀的現實世界，顯然是有很大的差異，而哥本哈根學派的理論是在微觀的電子世界裡完成的，如果放大到宏觀的現實世界裡還可行嗎？這可是哥本哈根學派過不去的門檻。一個粒子從虛幻的波變成粒子，我們還能理解，但一顆月亮從沒看到時的不存在，忽然變成看到才存在的現象，那你哥本哈根學派可要實驗證明啊！不然誰會相信！

為了挖苦哥本哈根學派，支持愛因斯坦的奧地利物理學家薛定鄂（Erwin Schrödinger），於 1935 年，在 EPR 發表之後，就提出了一個很有名的實驗理論，叫做「薛定鄂的貓」。一個殺死貓的實驗，聽說薛定鄂很喜歡狗不喜歡貓，不然會改成「薛定鄂的狗」。

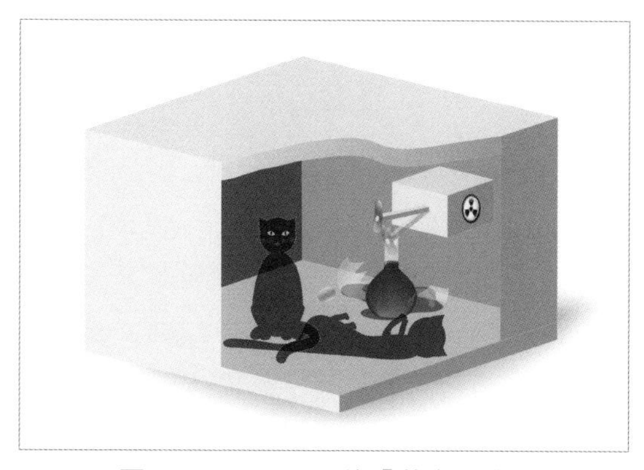

▲ 圖 1.27　既死又活的「薛定鄂的貓」

這個實驗，是把一隻貓放在一個看不到裡面的箱子裡，貓的旁邊裝了一個原子會隨機發生衰變的裝置，一旦衰變就會打開毒氣罐把貓毒死，反之，若沒衰變貓就活得好好的。依據哥本哈根學派的理論，在打開箱子觀察那一瞬間之前，貓是處於一種「又是死又是活」的疊加狀態，只有在打開箱子的剎那，貓才確定是死還是活。但問題在現實中的貓怎麼可能是「既死又活」的呢？我們的常識中，貓不是死就是活的。很難用量子力學的不確定性來解釋現實世界，這也是量子力學無數個困惑之謎中最神祕的一點。

為了解決量子力學這個與現實世界相容的問題，無數物理學家嘗試了很多理論，其中最著名的是由休•艾弗雷特三世（Hugh Everett III）於 1954 年在他的博士論文中，提出的「多世界解釋」理論（Many Worlds Interpretation，簡稱MWI），是平行宇宙三種理論中的一種。 MWI認為，在薛定鄂的貓實驗中，箱子沒打開觀察之前，貓不是處於一種「既死又活」的狀態，而是同時處在「兩個宇宙」中。一個「宇宙」中的貓是活的，另一個「宇宙」中的貓是死的。當你打開箱子看到的貓是活的時，那你就活在有貓的宇宙裡，另一個宇宙的另一個你就變成看到死的貓。雖然

聽起來很奇怪，但這個理論可完全是嚴格遵循數學方程式演算得來的結果。現在，MWI 理論已經成為歐美很多科幻作品中的主題。後來艾弗雷特被《科學美國人》（Scientific American）譽為「20 世紀最重要的科學家之一」。

艾弗雷特的指導教授是物理學家約翰・惠勒，那時物理學界對 MWI 的反應是很冷淡的，與波耳見面時，波耳也不作任何評論。獲得博士學位後，艾弗雷特心灰意冷的離開物理界，進入美國五角大廈工作，後來在金融界、電腦界工作。艾弗雷特長年抽煙與酗酒，1982 年因心臟病死於家中。他兒子接受節目邀請時表示：「父親不曾跟我說過有關他的理論的片言隻語，他活在自己的平行世界。」

愛因斯坦問：上帝創造宇宙有多少種選擇？MWI 說有多少種選擇就有多少個宇宙。總之，要用宏觀現實世界的認知去了解微觀量子世界的詭異，確實不是一件容易的事，所以波耳才告訴過人們，要理解量子力學：你只需要去接受它。

暗物質及暗能量

現代的相對論和量子力學的發現是因為物理學界的兩朵烏雲：「邁克爾遜-莫雷實驗」和「黑體輻射實驗」，而在百年後，現在又跑出兩朵看不見的烏雲，籠罩在物理大廈的天空，那就是「暗物質」和「暗能量」。

物理學家計算出我們這個世界只占整個宇宙的 4%，我們看不到的世界占 96%，稱為暗物質、暗能量或真空能量。人類能測量的真相只有 4%，其他 96%是我們無法驗證的。這聽起來很奇怪，我們熟悉的物質世界竟然僅是宇宙的很小部分，而且我們只知道暗物質及暗能量的隱約蹤跡，而完全不知道它們究竟是什麼東西？

暗物質是一種將宇宙聚合在一起的物質，占宇宙的 26%。宇宙學家通過引力計算後發現，目前的引力根本就不夠，必須還要有 5 倍的其他物質的引力支援，不然宇宙星球會散開而去，變成一盤散沙，這種產生多出來引力的物質稱為「暗物質」。目前科學家還沒辦法驗證到暗物質，只是發現光線在經過某處時會發生偏移，而該區域並沒有我們能看到的物質及黑洞。暗物質也許就是另一空間的靈魂。

暗能量是一種將宇宙拆散開來的力量，占宇宙的 70%。宇宙學家很早就觀測發現，我們現在的宇宙，一直是在加速膨脹。既然是加速膨脹，就必須要有新的能量加入。而這種能量宇宙學家目前還無法驗證，所以才稱為「暗能量」。科學家通過質能方程式 $E=mc^2$ 計算，要維持目前這種膨脹加速度，暗能量應該是現有物質和暗物質總和的一倍還要多。到目前為止，還沒有找到暗能量。暗能量也許就是另一空間一直不斷產生及儲存的萬事萬物能量。

物理學家的下一個突破，就是找到及驗證另一個空間

當弦理論在碰到瓶頸走不下去時，只因加入平行宇宙的額外維觀念後就再度起死回生，看來在宇宙真相中，**平行宇宙真的是一個很重要的關鍵**。

靈魂存在額外維空間

曾登上《時代》100 名最有影響力人物之一，當今「額外維（第五維）」理論全球最權威的物理學家，哈佛美女教授麗莎・藍道爾（Lisa Rundall)。她有次在哈佛大學實驗室裡做實驗時，有幾個微粒子忽然莫名其妙的消失，此後她就依據 Kaluza-Klein 模型大膽認為：「這些微粒子離

奇的消失，應該是跑進宇宙的另一個空間裡，那是一個我們看不到的額外維空間。」因為額外維理論大膽挑戰了現有大家熟悉的愛因斯坦四維空間，立刻引起了全球物理學界的注意。

2010 年 5 月 3 日下午，藍道爾在媒體上宣稱，她聯合幾位全球著名的瀕死經驗專家，如美國著名心理學家雷蒙德・穆迪（Raymond Moody）博士、康乃狄克大學心理學教授肯尼斯・林（Kenneth Ring）博士、荷蘭 Rijnstate 醫院心血管中心的沛姆・凡・拉曼爾（Pim Van Lommel）醫生、英國著名外科醫生山姆・帕尼爾（Sam Parnia）博士等，以及弦理論創始人之一的美國著名物理學家約翰・施威格（John Swegle），對於靈魂存在的科學研究，在經過 9 年的嚴謹及無數次的試驗後，目前已經取得許多重大的突破性進展。

藍道爾透露說，很快她就可以證實「額外維空間」理論，因為在瑞士全世界規模最大的強子對撞機，很快就要正式投入使用，到時兩束質子會在 一條周長27 公里的環形隧道中，被加速到接近光速，然後以每秒8億次的速度迎面相撞，並釋放出大量比質子更小的微粒子，重現宇宙大爆炸時的情形。如果那時微粒子真的消失無影無踪，就可以證實後者已經進入我們看不到的「額外維空間」。

積極尋找另一空間：高維度空間——那裡也許是宇宙最小單位及生命靈魂的故鄉

從物質與反物質、引力與反引力（暗能量）、真實粒子與虛擬粒子（靈魂粒子）及量子糾纏，再到額外維、6 個蜷縮維度的弦、十一維空間的平行宇宙等等，這些最新穎的理論，正是當今物理學最前端的實驗數據及理論模型，更是開創了宇宙研究當中最激動人心的時代。

弦、平行宇宙、引力、暗物質及暗能量都是存在於我們這個三維空間以外的高維度空間，加上全像宇宙投影與空間中不斷憑空產生和消失的神祕虛擬粒子等理論，物理學家已經走在往宇宙最終統一理論的道路上快速行駛並且越來越接近目的地。

近代量子力學的史話故事講到這裡，差不多接近尾聲。從這些理論當中，我們還可以用道德經的「道生一、一生二、二生三、三生萬物」的說法，來整合所有的物理理論：

道就是電腦程序。

道生一是宇宙大爆炸。

二是指陰陽的物質與反物質世界。

三是指物質世界的真實粒子與反物質世界的虛擬粒子產生量子糾纏，又稱陰陽調和。

三生萬物是指混沌理論，是一種由簡單到複雜並產生萬事萬物的過程。

將在第九章的混沌理論中介紹。

道	電腦程序	
道生一	宇宙大爆炸	
一生二	陽（占宇宙 4%）電腦螢幕	陰（占宇宙 96%）宇宙數據庫
	低維度空間（四度空間）	高維度空間（另一個世界）
	物質世界	資訊世界（反物質世界）
	帶負電荷的電子 憑空產生及消失的反電子	帶正電荷的反電子
	引力	反引力（暗能量）
	電磁力 強力 弱力	6 個蜷縮維度的弦 11 維空間的平行宇宙 額外維的引力子、超對稱粒子 暗物質、真空能量
	真實粒子	虛擬粒子（靈魂粒子）
二生三	量子糾纏（陰陽調和）	
三生萬物	全像宇宙投影（宇宙萬物） 混沌理論的分形、反饋程式、熱力學	

▲ 圖 1.28　道德經的「道」，就是電腦程序

從物理學的各項理論，不管是弦理論、全像宇宙投影、狄拉克的反物質世界還是約翰・惠勒的資訊論，都表明宇宙存在兩個世界，一個是我們現在的物質世界，另一個是儲存二維資訊碼的反物質世界，雖然兩者真的隔的很遙遠，但卻能用不可思議的超過光速量子糾纏連結在一起。

最後，甚至我們還可以想像宇宙大爆炸就是電腦開機，宇宙數據庫是儲存著宇宙所有秘密與來龍去脈。宇宙不是一台巨型的機器，而是擁有一套能計算有思維的軟體（自然法則）及數據會不斷加速膨脹的數據庫（宇宙加速膨脹）。

十一維空間是一種電腦的檔案結構形式

就電腦程序的觀點而言，宇宙數據庫的十一維空間應該就是一種電腦的檔案結構形式：

第一維~第四維：我們這個物質世界的三維空間。

第五、六維：儲存今世所有發生過的歷史資訊（二維資訊碼），也就是你的一生。

第七維：儲存每一世發生過的歷史資訊，在這裡可以看到今世所有發生過的歷史資訊。

第八維：儲存所有平行宇宙的歷史資訊，在這裡可以看到每一世所有發生過的歷史資訊。

第九維：是靈魂所在的地方，在這裡可以看到所有平行宇宙的每一世所有發生過的歷史資訊。

第十維：你已經變成造物主，你是這個宇宙數據庫的管理員，你可以看到所有靈魂所有發生過的歷史資訊。

第十一維：你是造物主的主管，每個宇宙數據庫你都有權限可以看到。

從十一維空間的電腦檔案結構中可以看出，無限其實是一種無窮但是有限的概念，所以在數學領域中，無限是可以比較大小的，高維度空間的無限就比低維度空間的無限還大。**宇宙是一個有限空間，但歷史資訊卻是一直在無限擴增（宇宙加速膨脹）的狀態，暗能量或許就是意識產生的歷史資訊能量。**

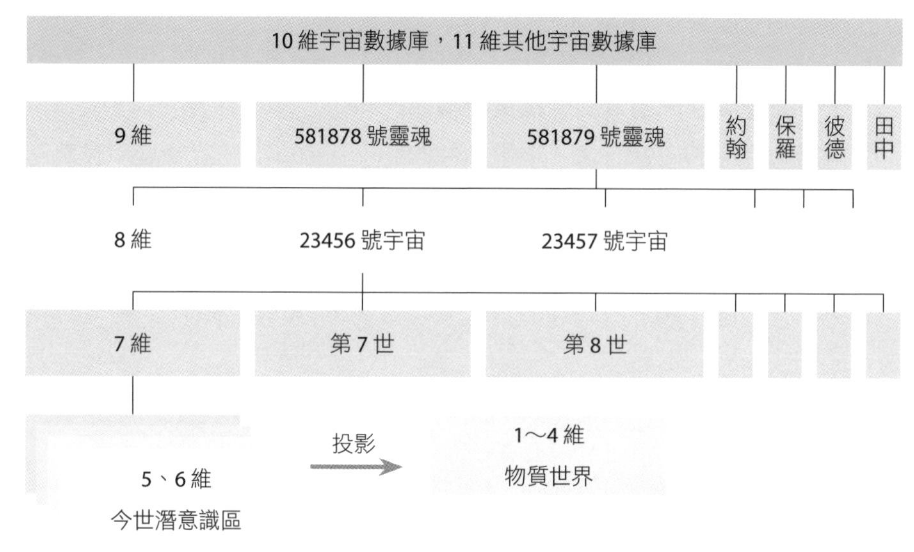

▲ 圖 1.29　十一維空間是一種電腦的檔案結構形式

物理學家的瞎子摸象及哲學統合

兩個世界，一個可以驗證，一個不可以驗證，偏偏可以驗證的事物本質，皆來自於不可驗證的另一個世界，這就造成物理學一直難以整合及瞎子摸象，最終就不得不依賴哲學與神學，才能完整的描述我們這個宇宙。科學最終的解釋必須靠哲學，因為不能驗證但又存在的理論，在科學上是不容易被承認及納入整合的。

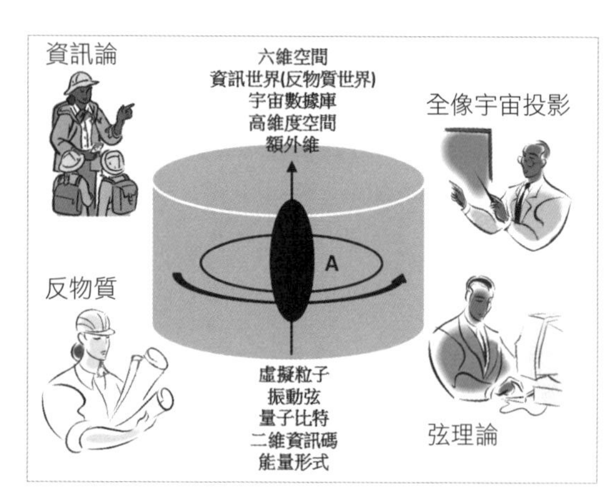

▲ 圖 1.30　物理學家的瞎子摸象及哲學統合

那麼生命是什麼？
是靈魂嗎？
是在另一個世界的二維資訊碼嗎？
是蜷縮在六維空間的弦嗎？
是跟我們量子糾纏的帶資訊的虛擬粒子嗎？
二維資訊碼不就是能量嗎？不就是帶有資訊及情感的虛擬粒子嗎？
弦振動不就是量子比特嗎？
波耳的波粒二元性不是間接證明了物質與精神的二元論嗎？

那麼宇宙是什麼？
宇宙是一部巨大計算機嗎？
宇宙是意識產生瞬間念頭後，經由宇宙電腦程序所產生的嗎？
所有意識產生的所有宇宙畫面與資訊，都是存在宇宙數據庫嗎？
大腦是將宇宙畫面的能量形式轉換成為物質世界的輸出螢幕嗎？
物理學家約翰•惠勒不就說：**萬物源自比特（It from Bit）**嗎？

這些科學性的哲學觀點都是有精確的科學理論支持，但因為是深藏在我們科學水準無法到達及尚待驗證的另一空間裡，所以現階段很難整合出一個可以驗證又很完備的萬有理論，不過科學家目前至少已經追尋到呼之欲出的階段，**而且量子力學有三個特色：數學完美、預測精確及沒有道理**，所以，我相信就像哈佛美女教授所說的：應該是指日可待吧！

宇宙真相彙總一：生命的目的就是不斷添加有意義資訊於宇宙數據庫

宇宙的設計就像是一台巨大的計算機，主要是由宇宙數據庫及宇宙電

腦程序所組成，在經過第一部分：宇宙尋根之旅之後，終於讓我們跟著這些偉大的物理學家們一路找到了具有六維空間的「宇宙數據庫」。

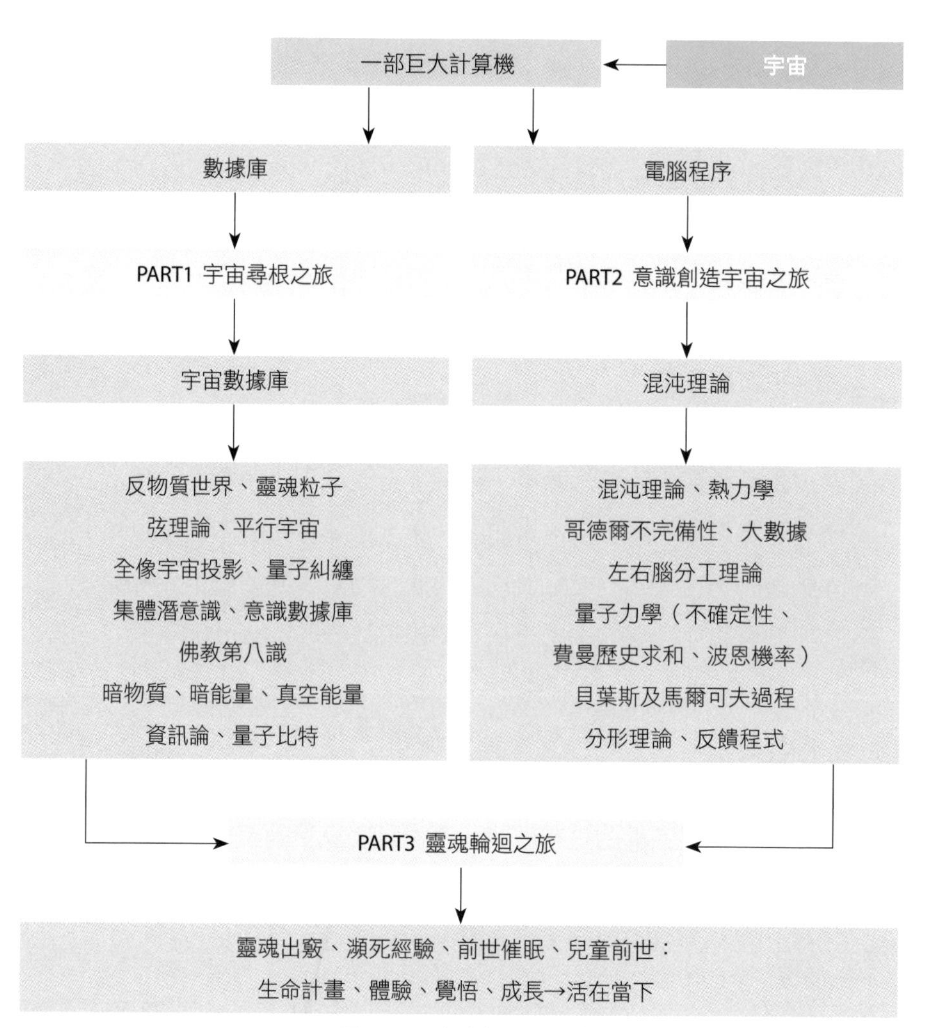

▲ 圖 1.31　生命解碼三部曲

物理學認為，生命可以被視為是一種計算過程：**它的目標就是最大化的實現在宇宙數據庫裡有意義資訊的添加、儲存和運用**。而這些不是垃圾資訊的有意義資訊（經驗值），就是人類的集體智慧，是生命本質、思想與命運的來源。

因此，宇宙只存在兩件事：

意識創造宇宙

宇宙數據庫的儲存與運用

生命意識（靈魂）是一組初始值的資訊碼，又稱為「**無意識**」，佛教中的如來藏派稱為「無為法」。經由生命意識產生的萬事萬物，是先以能量形式永遠儲存在宇宙數據庫裡。宇宙數據庫，佛教稱為「第八識」。宇宙數據庫儲存的資訊，稱為「**潛意識**」或是「**經驗值**」，又稱為累世的歷史「**資訊二維碼**」，佛教稱為「業」。然後再透過量子糾纏投影到我們這個三維物質世界，稱為**今生「意識」**，佛教稱潛意識與意識為「有為法」。

心理學	資訊論		佛教中的如來藏派	
無意識 （意識本體、 靈魂、 超意識）	初始值	儲存在 宇宙數據庫	無為法 本體 性空、真如	儲存在 第八識
潛意識	前世累積的資訊		有為法	
意識	今生的資訊			

▲圖 1.32 宇宙資訊的類別

靈魂（本體或識神）是不生不滅不增不減，每個靈魂都是一樣且平等的。人會有差異性，主要是「經驗值」的有意義資訊量的多寡及內容型態的不同所造成的，而且資訊量會一直持續增加。

現在我們終於知道哥德爾的不完備性的真正含義，宇宙數據庫是一直不斷的添加新資訊，新的環境變化會不斷促使我們成長與創新，當然就不可能停留在一個完備、絕對真理及永不改變的階段。只要宇宙數據庫不斷的添加新資訊，就永遠是一個不完備性的宇宙。

人類意識的發展是一種從模糊化（原始經驗）、隨機化（占卜問神），到系統化（哲學），再到應用化（近代科學）的過程，而這個過程是與宇宙數據庫不斷添加資訊及資訊豐富化息息相關。 這是一種有意義資訊量不斷添加與應用的相對應過程。早期人類因為資訊量不夠，意識判斷能力不足，因此重大事件大都依賴占卜問神。

每個生命個體的背後，在宇宙數據庫裡都有自己的資料夾資訊，那裡有從零開始的無意識本體，及已經累積了五百萬年的潛意識資訊——記憶與智慧，非常珍貴，也造就了獨一無二的你。每個人都是平等的，差別是在自己的有意義資訊的多寡而已。

如果你的有意義資訊在前世累積了太多惡業（不好的資訊），那麼當你從出生開始，就會帶著這些惡障，並承擔跟著因果關係而來的苦難。因此**不斷添加有意義資訊及更新不好的資訊，就是生命意識唯一的目的。**

為了最大化的實現在宇宙數據庫裡有意義資訊的添加儲存和運用，因此，戰爭、金融危機、困境及輪迴等現象，是宇宙必然且很重要的設計，其目的就是要你經常歸零從頭開始，藉此不斷的激發你的潛力，否則生命就會停滯並減緩有意義資訊的添加與儲存。

而基於這個理念，生命意識的意義就是：**不是宇宙賦予了生命意義，而是生命將意義賦予了宇宙。重要不是你得到什麼，而是你創造及儲存了什麼！**

在第一部分的宇宙尋根之旅中，我們找到了有意義資訊的添加儲存過程，至於有意義資訊的運用過程，將在第二部分：意識創造宇宙之旅中介紹。

CHAPTER

宇宙是一部巨大電腦

人類只是虛擬生命？
——英國皇家學會前任主席，劍橋大學天體物理學家馬丁・瑞斯

越來越多學者表示宇宙是虛擬的

宇宙是什麼？

聖經說：神創造宇宙。

佛經說：一切法從心想生，物質是一種假像的。

易經說：無極生太極，太極生二儀。

山海經說：盤古開天闢地，女媧造人。

道德經說：道生一，一生二，二生三，三生萬物。

量子力學的「不確定性」說：是你的意識創造了宇宙。

量子力學的「量子糾纏」說：全像宇宙投影。

以上這些都是宗教、哲學及物理學，從不同角度去解釋宇宙到底是什麼。

其實，這些道理都是一樣的，各種角度都指向：宇宙是「一部巨大的計算機」，也只有這個結論才能圓滿說明以上各種矛盾又不可思議的道理與理論。

有越來越多的著名學者表示，我們的宇宙只是一種假像的投影，而我們所感知到的世界，都只是虛擬電腦程序所創造出來的。簡單來說，我們或許是生活在科幻電影《駭客任務》相同情節的世界裡。

英國皇家學會前任主席，英國劍橋大學物理學家馬丁・瑞斯（Martin Rees, Baron Rees of Ludlow）就曾說：人類只是虛擬生命。

在 2003 年，英國牛津大學哲學教授及未來學家尼克・博斯特羅姆（Nick Bostrom）在其論文《我們活在電腦模擬中？》中，就認為有可能是遙遠未來的人類或是某種高維度生物創建了這個電腦模擬，而我們是活在這個龐大電腦網路的模擬世界中。他的觀點受到許多物理學家的認可，連來自美國著名天文學家奈爾・德葛拉司・泰森（Neil deGrasse Tyson）及著名弦理論領軍人物的物理學家布萊恩・格林（Brian Greene）也都認同的說：生命並非像我們舊有的那種認知。

國外媒體報導，2016 年在美國加州舉行的技術大會 Code Conference 上，太空探索公司 SpaceX 創始人伊隆・馬斯克（Elon Musk）就宣稱：人類生活在真實世界的機率不及十億分之一。

馬里蘭大學的物理學家詹姆斯・蓋茨（James Gates）說：「在研究中，我就奇怪，怎會經常接觸到一種讓瀏覽器正常運行的錯誤校正碼？這使我突然聯想到，我們有可能是活在電腦的模擬世界裡。」

當然，想要證明宇宙就是一部巨大計算機可並不容易，而我們對待周圍的事物也不必過於想當然，因為它也許只是我們大腦裡模擬出來的虛擬程序。不過，這幾年以來，隨著虛擬實境技術的發展，無論在科幻小說中還是在科學界，還是都有相當多的人支持這種想像。

佛教的第八識及榮格的集體無意識都是宇宙數據庫

佛教的第八識

佛學八識是佛家唯識宗創始人對生命整體活動所歸納出來的一種理論知識，前五識為眼耳鼻舌身，分別代表視覺、聽覺、嗅覺、味覺及觸覺，後三識分別為意識、末那識及阿賴耶識。現代心理學上，只研究到前六識為止，但佛學的分析，還加上了第七識末那識及第八識阿賴耶識。

前五識是感識，是我們透過眼耳鼻舌身去接收外在的新資訊，但不做任何價值判斷。

第六識是意識，只要前五識有一識接收到新資訊，意識便會對這些對象，加上好壞、美醜、善惡及是非等價值判斷，並貼上標籤，再將這些貼上標籤的資訊透過第七識傳送給第八識，所以一切善惡得失都是第六識決定的。

第七識是末那識，是專門傳達輸送的，將第六識貼上標籤的資訊，原封不動的轉成「業」並傳送至第八識儲存。

第八識是阿賴耶識，又稱藏識，是一切善惡種子的倉庫，並等待時機成熟，當某天遇到因緣合和之際，就會產生相應的果報。

中國人常說的「第六感」、「打禪七」或是「三心二意」，都是源自佛學八識，其中「三心」即是指第六意識、第七末那識、第八阿賴耶識，

「二意」合指第六意識與第七末那識。

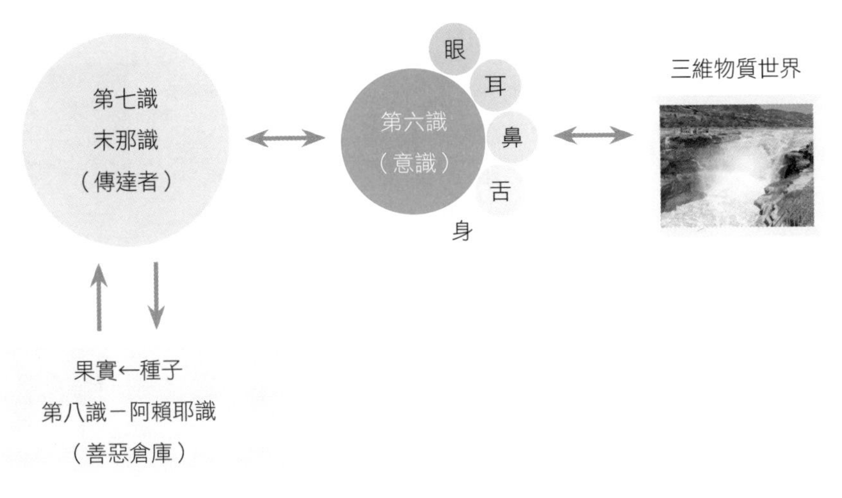

▲圖 1.33　佛學八識

了解佛學八識，我們會發現古代佛學與現代量子力學及電腦原理有太多驚人的相同觀點，佛祖可以說是古代「量子力學」與「電腦原理」教授。

佛學八識就是「量子力學」的宗教版，高維度空間的宇宙數據庫就是第八識，量子糾纏就是第七識，前五識就是電腦螢幕，第六識就是意識念頭的新資訊輸入。

宇宙真相的「意識創造宇宙」的理論就是佛教的萬法唯心所造。

量子力學的不確定性：「電子你不觀察它時，是看不到且沒有實體的波，當你觀察它時，才變成實體的粒子」，這個理論跟佛教「自性本空」的道理也是一樣的，而我們這個物質世界就正如《金剛經》所說的：

一切有為法（物質），

如夢幻泡影，

如露亦如電，

應作如是觀。

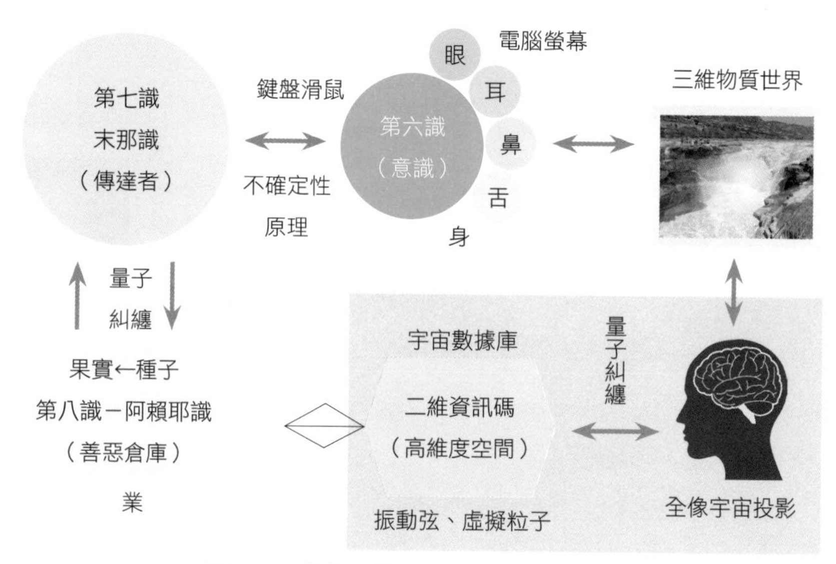

▲ 圖 1.34　佛學八識與量子力學及電腦原理

卡爾・榮格的集體無意識

卡爾・榮格（Carl Gustav Jung）是著名的瑞士心理學家，分析心理學的創始者，精神分析學派代表之一。他獨樹一幟的心理學理論及類型理論贏得了當時及至今世人的普遍認同和讚譽，從而成為了與佛洛伊德比肩而立的世界級心理學大師。榮格的貢獻是極其重要的，尤其以「集體無意識」概念和原型理論奠定了他在 20 世紀人文科學中的傑出地位，其理論概念和觀點早已被廣泛應用，且影響極大。

卡爾・榮格在觀察原型模式和普遍存在的象徵後，提出了「集體無意識」的假設，他認為這個「意識數據庫」是藏在深不可測的潛意識最深處，裡面包含了從創世紀以來，所有人類的生活經歷和生命進化的集體經驗，是一個涵蓋了一切人類意識的所有相關資訊的數據庫。榮格認為「集體無意識」包含了人類所有的心靈與命運，人是可以從中獲取遠古的智慧。

他認為「集體無意識」就是所有超理性的資訊起源，不管是通過直覺還是用猜測的，或是運用預言還是夢境的。也就是說：它是遠古的智慧、天才的泉源、靈感的源頭及預知的根源。既然榮格的「集體無意識」是一個來自遠方的「意識數據庫」，我們當然就可以認定：榮格的「集體無意識」其實就是宇宙數據庫。

宇宙設計論：上帝創造宇宙及達爾文進化論

19 世紀的最後幾年，1897 年英國物理學家約瑟夫・約翰・湯姆遜（Thomson Joseph John）發現電子後，物理學家們一直積極的在尋找微觀粒子的秘密與行蹤，後來又建立了一套粒子物理學的標準模型，這個模型當初所預言的 62 個基本粒子中，除了「希格斯粒子」像個幽靈，其他 61 個都已獲得實驗的驗證。

1964 年，英國物理學家彼得・希格斯（P.W.Higgs）的一篇學術論文中，預言一種能吸引其他粒子進而產生質量的玻色子的存在。他認為，這種玻色子是物質的質量之源，是電子及中子等產生質量的基礎，其他粒子在這種粒子所形成的力場中互相擠碰，受其作用力所產生的慣性，讓其他粒子產生質量。有了質量，粒子才能融合成原子及分子，有了分子，才會有物體。因此，希格斯粒子被認為是創造宇宙萬物的粒子，沒有它，就不會有我們這個世界，因此它被讚譽為「上帝粒子」（God particle）。

2012 年 7 月 4 日，當歐洲核研究組織宣布發現一種與上帝粒子一致

的次原子粒子時，希格斯說：難以置信。

如果沒有上帝粒子散佈在整個宇宙，所有粒子因無法減速而一直光速運行，這會導致粒子無法結合成為原子及分子，自然就無法形成任何物質及生命，宇宙僅會是一片光速運行的粒子。但是上帝粒子是在宇宙誕生後才被釋放出來，至於怎麼打開這個閘門，釋放出希格斯粒子並產生希格斯場，讓粒子開始減速並獲得質量及結合，這到底是上帝操控的，還是自然形成的？那就很難證實了。古代老祖宗認為是神操控的，才會有盤古開天闢地的想法，而這個想法跟宇宙形成的過程還蠻接近的。

就像上帝粒子一樣，宇宙到底是造物主設計的，還是自然隨機「意外」形成的呢？

古代一般是認為宇宙是神創造的，如西方的上帝創世紀及中國的盤古開天闢地女媧造人，西方哲學家柏拉圖及亞里斯多德也認為世界存在著造物主。大科學家牛頓曾發問，這世界上的一切秩序、一切美，是從那裡來的呢？牛頓在其著作中就說：「毫無疑問，我們所看到的這個世界，其中各種事物是如此絢麗多彩，各種運動是如此錯綜複雜，它們不是出於別的，而只能出於指導和主宰萬物的神的自由意志。」

神創論，認為宇宙萬物，是上帝一開始就創造出來的，物種不會有太大變化，也不會進化成新物種，彼此都是獨立且無親緣關係。

在十八世紀以前，神創論思想，一直是西方學術界的主流思想，位居統治地位。

然而達爾文（Charles Robert Darwin）在經過 5 年的環球科學考察

後，發現生物之間不是孤立的，而是具有親緣關係的，且是從共同的祖先，通過自然選擇，逐漸進化而來的。如現在的鳥類，是由原始的始祖鳥進化而來。因生物的基因遺傳變異和生存競爭，是當時自然界的普遍現象，所以進化論取代了神創論，成為了當時的主導思想。進化論的核心，是自然選擇機制，而自然選擇機制是隨機的。這就產生了一種思想：「宇宙萬物，包括複雜生物，是隨機形成的。」

但是我們眼前這樣美麗和諧、複雜有序的世界，有可能是隨機形成的嗎？

雖然生命起源來自海洋，是魚類先進化成爬蟲類，再進化成哺乳類，但問題是：本來用鰓呼吸的動物要演化成用肺呼吸的動物，這過程是有點不可思議。是鰓肺共存嗎？這樣怎麼呼吸呢？非常納悶！而且鱷魚、鯊魚及烏龜幾億年來也沒改變過。

聽說達爾文晚年承認進化論是錯誤的而感到後悔，這也許是謠傳。但是進化論只是一個假說，其實是漏洞百出，而且有很多跟事實不符合的論點，就舉兩個關鍵論點：

●中間突變的過渡物種化石：按照自然進化論假說推論，地球應該存在大量的中間突變的過渡物種化石，但是到目前為止，從未找到，只找到突然同時出現或突然消滅的物種。最有名的證據就是「寒武紀生命大爆發」：化石顯示大約五億三千萬年前，地球上在 2000 多萬年間內，發生了突然湧現出各種各類的動物，它們不約而同的迅速起源與出現，讓地球的生命存在形式，突然出現了從單樣性到多樣性的飛躍。

關於找不到中間突變的過渡物種化石，達爾文是無法自圓其說的。更

何況一種從用鰓呼吸演變成用肺呼吸的中間動物，是要如何呼吸及生存的，恐怕達爾文也無法回答。

●基因遺傳變異：進化論觀點是，生物具有變異性且變異性可以遺傳，因為生存競爭的關係，有利的變異就保存，有害的變異就淘汰。但這種推論跟我們的現實認知，好像有很大衝突。我們只知道基因變異會導致癌症及罹患重大缺陷性疾病，而且這些疾病基因不但不會淘汰，還會遺傳到下一代。

近來質疑達爾文進化論的聲浪是越來越多，有 500 多名擁有博士學位的美國科學家，聯合簽名反對達爾文的進化論。在這些科學家聯合簽名的反對文章中寫道：我們對達爾文的進化理論，表示非常的懷疑。

宇宙到底是自然形成，還是神的創造？迄今還是爭議不斷，那麼有嚴謹學識背景的物理學家又是怎麼說的呢？

我們就從科學的歷史發展說起。在教會主導的時代，神創說是主流，後來被哥白尼給打破。「哥白尼原理」聲稱，我們在宇宙中所處的地位毫無特殊之處，打破教會以地球為中心的說法，迄今，每一項的天文發現都證實這一觀點。

但是自從量子力學興起之後，因為宇宙的存在是建立在意識觀察之上。於是，在 1973 年，在紀念哥白尼誕辰 500 周年的一次會議上，英國物理學家布蘭登・卡特（Brandon Carter）發表了一篇跟哥白尼截然相反的哲學觀點，稱為「人擇原理」：雖然生命所處的位置不一定是中心，但不可避免的，生命在某種程度上，在宇宙中是處於特殊地位的。這一原理後來發展出好幾種版本，其中最主要的，還是「強人擇原理」及「弱人擇原理」兩種。

「強人擇原理」宣稱有上帝的存在，宇宙是專門為生命精心設計的，簡單的說：**宇宙是為意識而設計的舞台。**

麻省理工學院的物理學家維拉·吉斯蒂亞科夫斯基（Vera Kistiakowsky）及劍橋大學的物理學家約翰·波金霍爾（John Polkinghorne）都是這個原理的強力支持者。強人擇原理的理論是完全和進化論背道而馳的，進化論認為在物競天擇下，物種必須不斷改變自身去適應環境，而人擇原理則認為，為了人類的最終出現，宇宙是被設計成適合人類居住的狀態。大量證據說明達爾文的進化論是漏洞百出的，越來越多的科學家質疑他的假說，而人擇原理則是從物理學的角度，證實人類並非是進化的產物，一切都是經過造物主的巧妙設計：**宇宙的設計，是為了以後人類的出現。**

由於「強人擇原理」帶有強烈的「神創說」，所以有不少物理學家都難以接受這個原理。不過，人擇原理的理論來源與依據：「宇宙精細調節論」，又稱「宇宙微調論」倒是獲得許多物理學家的重視與支持。

所謂的「宇宙微調論」是說宇宙的很多的物理常數要達到非常精準的情況下，我們的生命才有可能存在於宇宙之中。這些所謂的「物理常數」包括光速、普朗克常數、波爾茲曼常數、宇宙相對密度、單位電荷、引力常數等等物理常數。有些常數只要稍微不一樣，地球就難以形成，其差異範圍有可能是小數點後面上百個零。

英國皇家學會前任主席，劍橋大學天體物理學家馬丁・瑞斯就特別寫了一本書《宇宙的六個神奇數字》，書中強調宇宙形成的重要配方有六個，其中每一個都是可以測量的，是經過精心調節的，這六個數字必須滿足生命所需要的條件，否則就會創造出一個死的宇宙。這六個數字在日裔美國物理學家加來道雄所著作的《平行宇宙》一書中，有如下的詳細介紹：

1. ε：它是氫在宇宙大爆炸時轉化成氦的相對比例，必須是 0.007，太少會創造不出其它元素，生命就無法形成，太多會使恆星無法融合。
2. Ω： 是宇宙的相對密度，值太小，宇宙膨脹及冷卻速度就會太快，值太大，宇宙就會塌縮。差異不能超過千兆分之一，即 10 的 15 次方分之一。大家熟悉的物理學家霍金（Stephen Hawking）曾在其名著《時間簡史》中說：假如大爆炸之後一秒鐘時的宇宙膨脹率，那怕小上 10 的 15 次方分之一，我們的宇宙早在變成今天的大小之前便已經重新陷入塌縮。
3. N：代表電磁力與引力比例，要等於 10 的 36 次方，引力強度若弱些，恆星就無法融合出需要的巨大溫度，恆星就不能發光，行星就變的黑暗而冰冷，若引力稍強一點，恆星會把生命一出現就燒光。
4. Q：是宇宙微波背景中不均勻分布的振幅，必須是 10 的 5 次方分之一。數字小那麼一點點就無法凝聚成恆星，大那麼一些些，物質就會提前變成巨大超星系的結構體，甚至縮成巨大的黑洞，根本無法出現行星體系，也就不會有生命的可能性。
5. Λ：是一個非常小的宇宙常數，必須在一個非常窄小的範圍內，它決定了宇宙膨脹加速度。稍微大幾倍，它所產生的反引力（暗能量）就會把宇宙炸飛。如果是負數，宇宙就會收縮。兩種現象都讓生命變成不可能。

6. D：這是物質世界的維度數量。我們這個物質世界只能是三維空間，如果是二維或是四維，空間與人體運作就會發生問題，生命也難以存在。

德國物理學家沃爾夫・梅納（Ulf-G Meissner）則說：「我們所生活在其中的宇宙是由一些特定的參數定義的，這些參數取得某些特定的值，使其似乎專為生命而訂製，其中也可能包括地球上的生命。」

根據物理學家羅傑・彭羅斯（Roger Penrose，霍金的同事）的計算，我們這個宇宙隨機出現的機率是 10 的 123 次方分之一，這個機率之小，根本非我們人類可以想像。所以另外一個物理學家阿諾・彭洽斯（Arno Penzias）就說：「天文學把我們引向一個獨特的事件，一個從無中被創造的宇宙，一個有極其精妙平衡及能為允許生命的存在提供精確合適條件的宇宙，一個有明顯設計的宇宙——我們也可以說這個設計是超自然的。」

NASA（美國太空總署）的天文學家約翰・歐基弗（JohnOKeefe）更是說出這段令人感動的話：「按照天文標準，我們是一群受寵過頭、珍愛有餘及呵護備至的受造物。如果宇宙不是受造精密得無以復加的話，我們壓根兒就是子虛烏有的。我認為，這些境遇表明宇宙是為了人類生存而被創造的。」

當你看到地球與金星的運動軌跡後，你會覺得宇宙是自然形成的，還是數學運算出來的呢？

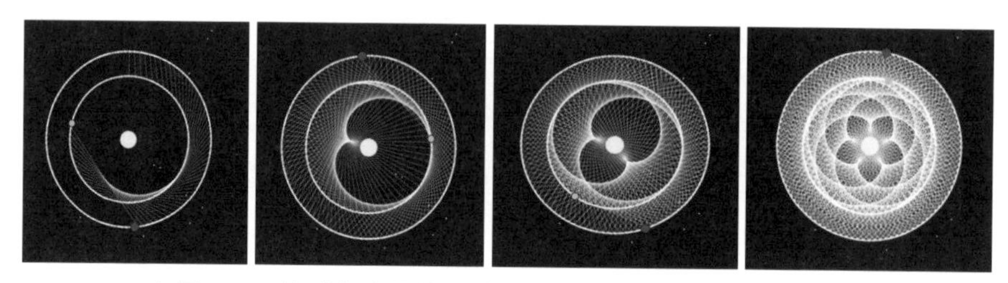

▲ 圖 1.35　地球與金星的運動軌跡。（圖片來源：騰訊視頻）

最後回到宇宙大爆炸的過程，你會發現各種粒子是自發性組合成各種物質，最終形成了無數的星球和運行極為有規律的宇宙。現在我們可以靜下來想一想，到底是怎麼樣的大爆炸，可以讓能量控制的如此到位，剛剛好能形成物質，並自然而然的有規律的運作起來，這需要無比智慧的設計啊！想不讓人懷疑這個宇宙是由一個高維度的智慧體所創造的，都有點難！

從盤古開天闢天的神創說，到達爾文的進化論，再到人擇理論，最後又回到宇宙微調論。古人在幾千年前就提出唯心論，後來是被現代科技的唯物論所淹蓋，直到量子力學的雙縫實驗的出現，才又讓科學家了解到，宇宙是由唯心論的意識所創造的。歷史的發展，總是在繞圈子，其實，古人老祖宗的智慧是不輸現代人的科技，老祖宗早就看懂這個道理，不管是西方的柏拉圖及康德，還是東方的佛祖及老子，理念都是跟量子力學一樣，都認定宇宙的存在是建立在意識的觀察之上。是我們的意識創造了這些宇宙參數，創造了宇宙的存在，而這一切，其實就是一種電腦程序：**意識創造宇宙及宇宙數據庫的儲存**。

在第一部分：宇宙尋根之旅，讓我們找到「宇宙數據庫」後，接著在

第二部分：意識創造宇宙之旅，我們將要去了解「意識創造宇宙」的電腦程序——混沌理論。最後，當我們兩個部分都完全了解後，對於生命的意義與目的，自然就很容易融會貫通了。

PART 2

意識創造宇宙之旅：找到意識創造宇宙的數學規律

生命活動就是計算

一套由簡單的規則生成為複雜的現象

每個人擁有複雜多變且不可預測的精彩人生

這一切不管是定律、不確定、機率及隨機

最終都歸入簡單的數學規律中

宇宙那股冥冥之中的力量

就是數學方程式

而它們都被寫進電腦程式中

CHAPTER

創造生命活動的「混沌理論」

釘子缺，蹄鐵卸
蹄鐵卸，戰馬蹶
戰馬蹶，騎士絕
騎士絕，戰事折
戰事折，國家滅
——西方民謠，比喻「蝴蝶效應」

精神世界與物質世界的互動關係

經過宇宙尋根之旅之後，我們終於知道宇宙的存在只有兩件事：意識不斷的創造宇宙（物質世界）、將創造過的宇宙資訊儲存在宇宙數據庫裡。同時我們也知道這兩件事的過程是由兩個世界共同完成的：一個是我們現在可以看得到的物質世界，及另一個我們看不到的精神世界（能量、靈魂、二維資訊碼）。生命活動就是一種精神世界的意識活動與物質世界的物質東西，產生連續不斷的互動關係過程。

佛祖說：一切事物，皆是由衆因緣和合而生起，就是說，事物的形成是靠「內在基礎的因」和「外在條件的緣」，相依而生起的。這段話是在說明萬事萬物是由精神世界的「內在基礎的因」與物質世界的「外在條件的緣」和合互動而產生的。

這種互動關係過程，首先是我們的意識借助我們的五覺感官（眼耳鼻舌身）去接收持續不斷的外界物質資訊，進而產生精神活動，刺激新想法的出現。譬如你正想出門逛街，但是忽然下起大雨，這時你會不由自主的想：還是待在家裡吧！因此，物質世界的發生會變成新想法的來源，進而重新安排精神世界裡的能量。

接著，精神世界的能量會通過意志指揮物質世界的東西。譬如你決定去逛街，你的精神世界就會指揮你的腳動起來、你的手去拿家裡的鑰匙及準備出門等等的動作。緊跟著新的物質東西產生後又會重新安排新的精神活動，新的精神活動再指揮物質世界的新東西，這種不停息的循環活動，就是生命活動。

有段話是這麼形容的：

生活中的美，

並非生活所給予我們，

而是我們的心和生活清澈的相映。

不只我們的心在尋求生活的美，

生活的美也澎湃的撞擊我們的心。

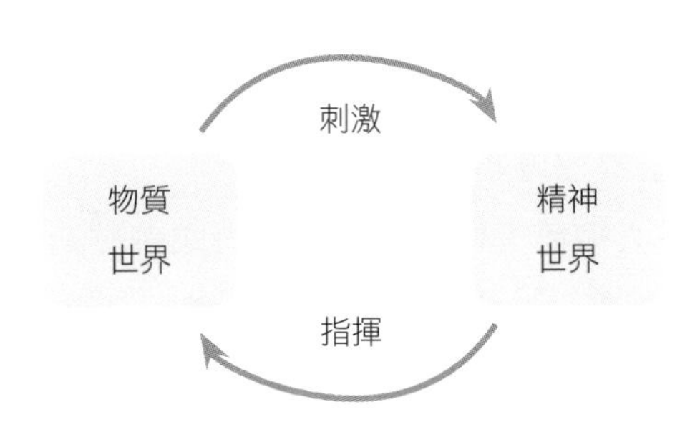

▲ 圖 2.1　精神世界與物質世界的互動關係

現在我們用實例來說明「精神世界對物質世界的指揮機制」及「物質世界對精神世界的影響機制」：

以一聲巨響為例，聲波引起耳鼓振動，再傳到耳蝸，經內耳流體的撥動產生了電脈衝。電脈衝沿著神經進入大腦，在大腦中，電脈衝的電子信號碰上電化學網絡，於是聲音就被感知了。這時，一連串物質的化學傳遞作用，怎麼忽然就變成一個精神事件呢？反過來，精神事件又怎麼突然去指揮並產生新的物質東西呢？這兩個不同世界到底是怎麼銜接的呢？物質與能量如何互動呢？

其實這個指揮及影響機制，就是本書前面幾章內容一直強調的：宇宙電腦計算產生的。而這個指揮及影響機制，物理學就稱為「混沌理論」。混沌理論被譽為繼相對論和量子力學之後，20 世紀物理學的第三次新革命。

混沌理論的起源

說起混沌理論，這要從一個偉大的同性戀愛情故事講起，主角就是計算機之父阿蘭・圖靈（Alan Mathison Turing）。

阿蘭・圖靈 1912 年生於倫敦，他是有史以來最偉大的數學家之一，很多計算機的基本概念都是他發現的，被譽為計算機科學之父、人工智慧之父，計算機邏輯的奠基者。為紀念他而設的「圖靈獎」是計算機界最負盛名的獎項，有「計算機界諾貝爾獎」之稱。

1931 年圖靈進入劍橋大學，畢業後到美國普林斯頓大學攻讀博士學位，二戰爆發後回到劍橋，協助軍方破解德國的著名密碼系統 Enigma，對盟軍取得二戰勝利的貢獻實屬關鍵，成為這場大戰的轉折點，因而拯救了成千上萬盟軍的生命。圖靈還是世界級的長跑運動員。他的馬拉松最好成績是 2 小時 46 分 3 秒，比 1948 年奧林匹克運動會金牌成績慢 11 分

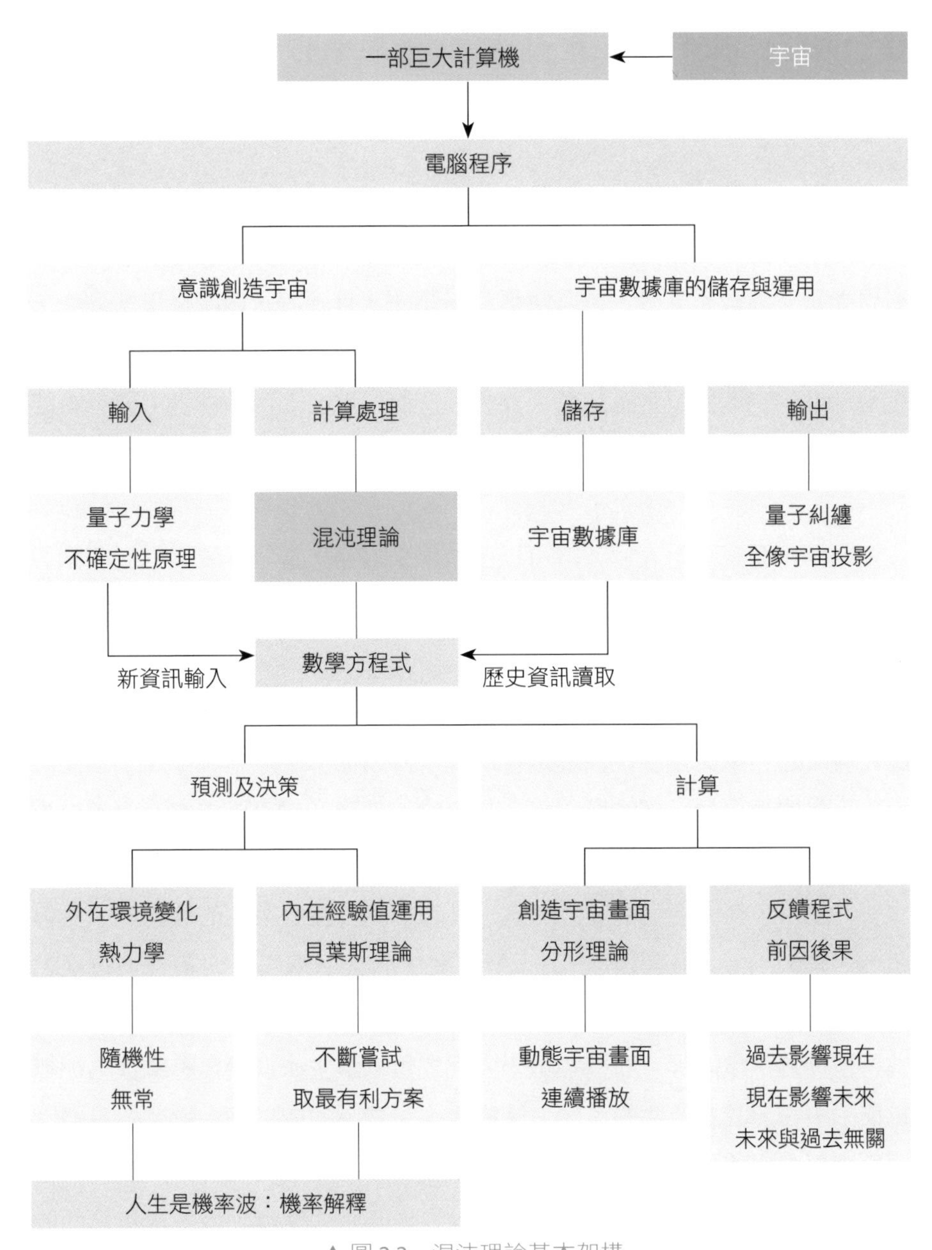

▲圖 2.2　混沌理論基本架構

鐘。1948 年的比賽，他跑贏了同年奧運會銀牌得主湯姆・理查茲（Tom Richards）。

解碼只是阿蘭・圖靈的牛刀小試，解開生命終極密碼才是他對人類最大的啟示與貢獻。在自然法則中最吸引阿蘭・圖靈的是：**人類智慧的背後有可能是一種數學基礎**。會有這種堅信想法，是源於一個叫克里斯多夫・默克姆的年輕人之死有關。他曾是阿蘭・圖靈生命中最重要的一段同性戀感情，他的突然去世，讓阿蘭・圖靈很悲傷，進而促使他投身去研究有關「人的頭腦是如何運作」的問題上。

阿蘭・圖靈堅信人類智慧可以用數學來描述，這個靈感來自於胚胎發育的神祕過程，這種令人迷惑的自組織性過程稱為型態發生（morphogenesis）。

一開始，胚胎的各個細胞都是一樣，接著就開始變化並發生差異，彼此沒有思想與中央控制，但就是會形成不同的器官。

人是由億萬個一樣的原子集合起來的，然後竟然可以組成一個可以呼吸及思考的生命，這讓人很難相信，如此簡單的原子，怎麼可以產生如此複雜的生命。在圖靈之前，人們對這種自組織性型態發生的機能幾乎一無所知。1952 年，圖靈發表一篇「型態發生的化學基礎」的論文，首次給出了自組織性型態發生的數學解釋。圖靈在論文中用物理常用的數學方程式，來描述生命過程，而這些數學方程式可以讓生命系統自組織性的把無特徵的事物形成有特徵的事物。圖靈令人最驚嘆的成果是：剛開始只是簡單的數學方程式，把它們擺在一起後，複雜的東西就出現了，然後自發性組織模式就突然出現了，這種不需要外力人為介入就自動產生複雜東西的能力，讓人非常出乎意料。

正如風吹過沙漠後會創造出各式各樣形狀的沙粒一樣，這種類似單獨原子的沙粒，本身彼此是完全相同，但風一吹過，沙粒們就會自發性組織形成各種波紋與沙丘。圖靈認為：正是這種型態發生，讓化學物質滲透胚胎，讓細胞們自組織性的形成各種不同的器官。

圖靈的這篇論文，從此開啟了以數學方程式為基礎的「混沌理論」的全新發展。

不幸的是，論文發表後，一場本可避免的悲劇，將他的生活毀於一旦。

根據英國 BBC 紀錄片《混沌理論》節目內容報導，由於圖靈為盟軍解碼的偉大貢獻，你肯定以為他會享有極高的榮譽與對待。然而事實卻大相徑庭。戰後，他不幸的遭遇成了英國科學史上的奇恥大辱之一。在他發表論文的同年，他跟一名叫阿諾德・默里的男子有段短暫戀情，戀情很快結束，默里還偷竊了圖靈家的財物，但當圖靈報警時，員警卻將他和默里一併逮捕了。當時，社會對同性戀還沒現在這麼寬容，而是當作一樁傷風敗俗的罪孽。法庭上，公訴員認為，是有著大學學歷的圖靈將默里引入歧途，圖靈被判嚴重猥褻罪。法官給了他兩難的選擇，去監獄服刑或簽署同意書同意通過注射雌性激素來改變性向。

他選擇了後者，此後圖靈開始研究生物學、化學，但也使他得到反覆發作的抑鬱症。

1954 年 6 月 8 日，清潔工發現了他的屍體，他在前一天咬了口自己塗上氰化物的蘋果，就這樣結束了自己的生命。

阿蘭・圖靈逝世時只有 41 歲。

科學界的損失無法估量，但後來的科學界在他的啟發下，生物學研究開始採用全新的數學方法，科學家們發現他的許多數學方程式，確實能夠解釋生物體的一些形態。

回顧歷史，我們發現圖靈確實領會了萬物的創造源於最簡單規則的思想，雖然出人意料，但他確實向著科學新領域邁出了第一步。

那麼混沌理論到底是什麼？

科學的說法是：在一個能被數學方程式精確描述的系統中，可以自組織性生成不可預測的現象，並且不需要任何外界的干預，稱為混沌理論。

簡單直接的說法就是：**我們現在看到的物質世界，雖然充滿了許多複雜、混亂且不可預測的萬物萬事，但是它的背後卻是簡單的數學方程式，不需要外界干預，宇宙電腦會自動的根據數學方程式不斷重覆計算及反饋循環而生成的，稱為混沌理論。**

物質世界充滿了許多美麗且複雜不規則的圖案，其實都是由簡單的數學方程式不斷重覆計算得來的。我們一直以為自然界一片混亂，充滿各種奇特的型態、紋理及亂象，好像是毫無規律可循，其實這些混亂的背後，是隱藏著數學規則。最簡單最明確的數學方程式，最後都會發展出複雜的行為，譬如天氣預報、股市忽然崩盤、球賽結果等等。正因為這種自組織性的基本物理法則，才會將簡單的數學方程式，演化成多彩多姿及千變萬化的複雜現實世界。

偉大的美國計算機及物理學學家馮•諾依曼（John von Neumann），提出細胞自動機的概念後宣稱：「宇宙就是一部計算機，宇宙也是細胞自動機，如果讓計算機反覆的計算極其簡單的演算法則，那麼就可以使之發展成為異常複雜的模型，並可以解釋自然界中的所有現象」。

▲ 圖 2.3 美麗且複雜不規則的圖案，其實都是由簡單的數學方程式所產生

現在把宇宙看做是一台巨大的模擬計算機，只需設定初始值，然後簡單的讓它自然而然的發展，結果卻會是一個充滿奇妙與美麗的過程。宇宙所有複雜的現象，儘管是多麼魅力無窮，但都來自於這些簡單規則的不斷重覆及複製的計算過程（這次的輸出值是下次輸入值的反饋值），儘管這個過程十分簡單，但結果卻是不可預測，讓未來是令人驚歎，充滿無限的可能。

混沌理論最有名的故事就是：「蝴蝶效應」。

一隻南美洲亞馬遜河流域熱帶雨林中的蝴蝶，偶爾揮動幾下翅膀，可以在兩周以後引起美國德克薩斯州的一場龍捲風。其原因就是蝴蝶揮動翅膀的運動，導致其身邊的空氣系統發生變化，並產生微弱的氣流，而微弱的氣流的產生又會引起四周空氣或其他系統產生相應的變化，由此引起一

個連鎖反應，最終導致其他系統的極大變化。

在西方世界流傳的一首民謠，對蝴蝶效應也有類似的說明，這首民謠歌詞：

釘子缺，蹄鐵卸；蹄鐵卸，戰馬蹶；戰馬蹶，騎士絕；騎士絕，戰事折；戰事折，國家滅。

馬蹄鐵上一個釘子的丟失，本是初始值的十分微小變化，但其影響效應卻是一個帝國存與亡的根本差別。

簡單遇到不斷的外來隨機影響，就會產生巨大差異，不斷重覆計算並複製反饋，就會變得極大複雜且不可預測，這就是人生。

混沌理論還有一個基本原則：**能量永遠會遵循阻力最小的途徑**。

這個原則主要目的就是要讓過程不斷被優化，也就是要透過不斷的嘗試與體驗，從中吸取最小阻力的**最佳方案**，作為下次輸入值的決策依據。

量子力學的宇宙真相：「意識創造宇宙」，其過程，就是混沌理論，現在將生命活動的「物質世界對精神世界的影響機制」及「精神世界對物質世界的指揮機制」，兩者互動關係的過程再重新的深入探討後，其實它是由五大模塊所組成，分別為：

①先由五覺（眼耳鼻舌身）去接收外在新資訊的**輸入**：隨機無常的外在熱力學世界。

②內在宇宙數據庫的歷史經驗值**讀取**：不完備性、大數據及右腦理論。

③意識新念頭（新想法）的**計算**產生：量子力學的不確定性及費曼的

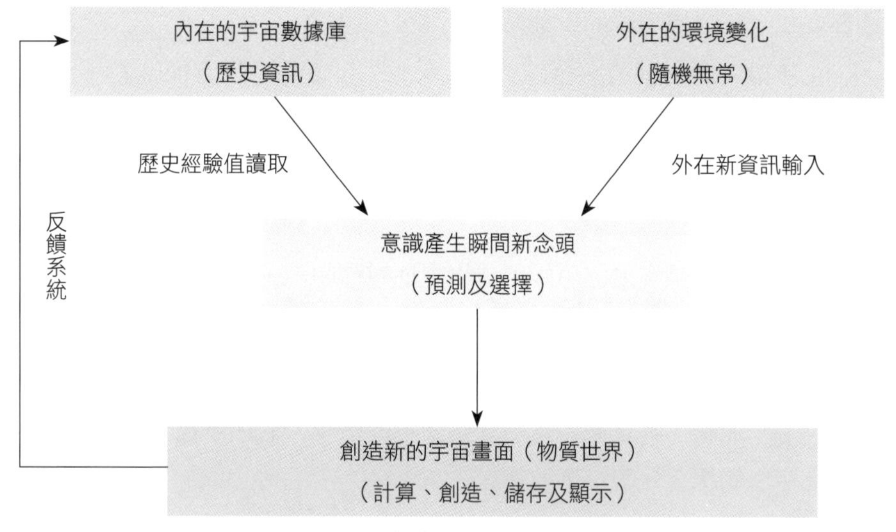

▲ 圖 2.4　意識創造宇宙基本架構

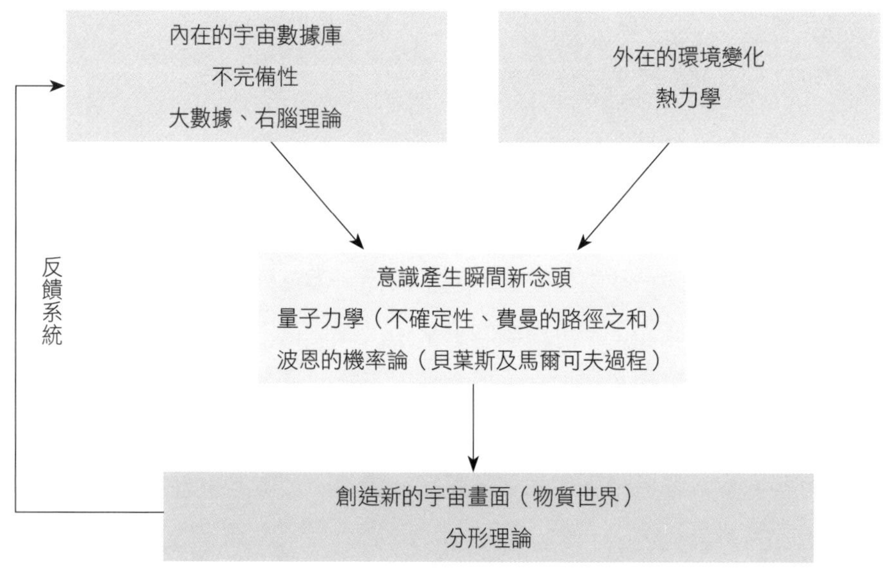

▲ 圖 2.5　意識創造宇宙的物理定律

路徑之和、波恩機率論的貝葉斯及馬爾可夫過程。

④依據新念頭**創造**、**儲存**及**顯示**新的宇宙畫面（物質世界）：分形理論。

⑤不斷回應的**過程**：反饋程式

宇宙的設計是多麼的巧妙，造物主把整體與部分、混亂與規則、有序與無序、簡單與複雜、有限與無限、連續與間斷等的結構，全納入一個宇宙平台之上，在前台我們看到的是一個千變萬化的現象：部分、混亂、複雜、有限、連續，其實後台是由一個簡單的數學公式所掌控著：整體、規則、有序、簡單、無限、不連續。

混沌理論的主程式，在空間上是「分形理論」，一種自相似的簡單圖形，經無限重複計算後，可以產生出各式各樣圖形的美麗世界；在時間上是「反饋程式」，一種把輸出值作為下次輸入值的循環計算，可以產生有放大效果且有前因後果關係的複雜世界。

生命的規律是包含隨機、混亂及無序，因此物理理論的數學方程式是充滿統計機率學，人生不是宿命論，而是充滿凡事皆有可能的機率波。

生命的演化是一種由簡變繁的進化過程，因為外在環境的隨機性與無常，因此讓過程充滿了不可預測的未來。

為了面對不可預知的未來，生命採取不斷的嘗試、反省、記取教訓及自我調整的策略：不確定性→接收外在環境的新資訊→根據歷史經驗計算出最有利方案（根據預測模式）→選擇→體驗→反省及調整先前的預測值（改變）→儲存。

而這一切的生命活動都誠如阿蘭・圖靈所宣稱的：**人類智慧的背後有可能是一種數學基礎**。

CHAPTER

10

外在新資訊的輸入：隨機碰撞的熱力學

走向混亂無序充滿隨機的不確定
不是來自上層上帝的強迫力量
而是來自底層原子隨機的碰撞
——玻爾茲曼

生命的三個層面

宇宙可分成三個層面，第一層的宏觀世界，比如星球、藍球和砲彈，它們是遵循相對論（含牛頓力學），是一種有規律且固定的自然法則，通常用速度、加速度等熟悉的公式來描述它們。

接著是描述液體及氣體碰撞的熱力學世界，萬億個獨立做無序運動的粒子，是用統計學規律，來描述這些氣體受熱後的一種「來自無序的有序」現象，它們是遵循「熱力學」的統計計算。

第三層就是微觀量子世界，在這個空間裡，所有粒子都遵循不確定性但有序的量子規律，即「來自有序的有序」，它們是遵循「量子力學」。

我們這個世界就是由這三個層面，分別是宏觀世界的「遊戲背景的固定運行」、熱力學世界的「外在環境的隨機碰撞」及微觀世界的「生命意識的可選擇及改變」所組成的，然後將簡單初始值的混沌世界進化成複雜

且不可預測的文明世界。

宏觀世界	相對論 牛頓力學	遊戲的背景	固定	分形理論
液體及氣體碰撞世界	熱力學	環境變化	有序中的無序	統計學
微觀世界	量子力學	意識選擇	有序中的有序	不確定性

▲ 圖 2.6　生命的三個層面

生命活動是先由五覺（眼耳鼻舌身）去接收外在新資訊及新問題的輸入，而外在環境是被設計成隨機碰撞的熱力學世界。因此，**外在環境隨機性的無常變化，是造物主刻意重點設計的！**如此才能讓生命遊戲變得更豐富化且多采多姿。

熱力學三定律

熱力學主要是描述不同能量間轉換的宏觀機率規律，是從物質的宏觀現象而得到的熱學理論，不涉及物質的微觀結構和粒子的相互作用，因此它具有高度的可靠性和普遍性。其中的熱力學三定律是熱力學的基本理論：

● 熱力學第一定律：就是能量不滅定理。能量可以在不同物體之間傳遞，也可以在不同能量形式之間轉換，但是不能無中生有，也不能自行消失。而不同形式的能量在相互轉化時永遠是數量相等的。

● 熱力學第二定律：又稱「熵增定律」，說明在自然過程中，一個封閉系統的總混亂程度（即“熵”）會趨向不斷增加，譬如建築物年久失修會自然倒塌、人會逐漸變老而死、山脈及海岸線受侵蝕及自然資源被消耗光等。

● 熱力學第三定律： 絕對零度時（即 -273.15℃），所有純物質的完美晶體的熵值為零，因此任何封閉系統是不可能到達絕對零度的。

總結熱力學的三個定律，就是在講整個宇宙的命運，最後是走向混亂甚至滅亡。

整個宇宙的能量分為「有效能能量」及「無效能能量」，第一定律說明宇宙不同形式的能量總和是永遠不變的，並且可以互相轉換的。第二定律說明在一個封閉系統內，能量永遠是由高溫物體向低溫物體轉移，而不能由低溫物體自動向高溫物體轉移，除非有系統外的新能量注入，這種轉換過程是不可逆的。簡單說就是一種從有效能能量不斷轉換到最後變成熱量為止的不可逆過程，稱為「熵增」，熱量就是最終的無效能能量。

舉例說明：生命的存在，全部是依賴太陽光。植物吸收太陽光，再經由葉綠素的光合作用，將太陽光轉換成植物營養素並儲存，人類吃進植物後轉換成人體營養素，再經由細胞粒線體的呼吸作用，將人體營養素轉換成熱能，最終再由熱能轉換成熱量。這一系列的能量轉移是不可逆的，也是一種從有效能能量變成無效能能量的過程，太陽光、植物營養素、人體營養素及熱能都是有效能能量，而最終的熱量就是無效能能量。無效能能量是一種不能再轉換為可用功的能量，並且在兩個有效能能量的中間轉換過程，也不會完全轉換為功，而會有部分能量被轉換成無效能的熱量，被散發出去。假如地球未來漸漸充斥著不可再利用的垃圾，並且有效能能量逐漸變少時，也就是世界末日的來到吧！

對宇宙的命運而言，宇宙是一個封閉系統，**有效能能量＋無效能能量＝宇宙能量總和**，是永遠不會變的，當有效能能量最後都變成無效能能量

的熱量，而無效能能量又不能逆轉回去變成有效能能量時，宇宙就變成一種「熱寂」狀態，這樣的宇宙，就再也沒有可以維持生命運轉的能量存在。

量子力學的不確定與熱力學的隨機性，其實也都是在機率學的規律下運行，自然界在執行物理定律時，都會自發性的選擇機率最高的方向與路徑走。在所有的狀態中，有序的部分總是佔少數，無序的部分佔絕大多數，所以系統就會往無序的方向靠，讓整個系統變得越來越無序。譬如 1、2、3、4、5 這五個數字排序，總共有 120 種排列組合的方法。如果把從小到大或從大到小看成是有序的，只有兩種。而剩下的 118 種，全是無序的。一個簡單系統中的原子數通常達到億億億數量級，在這種情況下，系統演化成有序狀態的機率是無限趨近於零。

從分子運動論的觀點看，有效能能量的轉換是大量分子的有序運動，而無效能能量的熱量運動則是大量分子的無序運動。顯然無序運動要變為有序運動的機率極小，而有序的運動變成無序運動的機率大。一個不受外界影響的封閉系統其內部自發性的過程總是由機率小的狀態向機率大的狀態進行，因此熱量是不可能自發性的變成有效能能量的。

能量最後都是走向無效能能量的熱分子運動，而熱分子是一種無序隨機碰撞的狀態，因此**從有序走向混亂無序的過程**是宇宙必然的現象。

數學家玻爾茲曼說，**走向混亂無序充滿隨機的不確定，不是來自上層上帝的強迫力量，而是來自底層原子隨機的碰撞。由於原子的隨機碰撞，造成環境充滿不確定性，隨時都會有新的問題產生，借此不斷挑戰生命的**

思維，進而產生千變萬化及多彩多姿的現實世界。看來不可捉摸的無常變化，是造物主精心設計的。

上帝為了創造多采多姿的世界，賦於生命合理的思維及不合理的環境變化，我稱為「生命力」。

因此，外在環境的變化是被設計成：隨機與無常。它是簡單變複雜的主因之一，另一個則是意識的自主選擇（量子力學的不確定性）。

混沌理論的基本原則：能量永遠會遵循阻力最小的途徑。

這個原則說明自私是天性，在封閉的系統裡，每個自私熱分子都往自己最小阻力進行，就會形成隨機與不規則性的布朗運動，也就是一個趨向混亂的熱力學世界。

後來比利時物理學及化學家伊里亞・普里高津（Llya Prigogine）創立「耗散結構理論」，專門研究如何從混沌無序走向文明有序的轉化機制，為此還獲得 1977 年諾貝爾化學獎。

他認為：系統想要從無序混亂轉換成有序規律，就必須打破原有平衡的封閉系統，轉型成**開放系統**，並從外界注入**新能量**及**新資訊**。

我從事多年的企管顧問生涯，就是典型「耗散結構理論」的執行者，像我每次空降到停滯不前且開始混亂的公司當顧問（打破封閉系統）後，就不停的進行流程合理化並同時建立新的管理制度（新資訊），還帶進新觀念及新思考模式（新資訊及新能量），及招募儲備幹部（新血輪及新能量）等轉型的專案項目。我第一個工作的董事長王永慶，就是一位「耗散結構理論」的忠實信徒，這位令人尊敬的經營之神，他口中所謂的企業要

「合理化」，要經常做專案改善，其核心思想就是要不斷的打破原有平衡的封閉系統及注入新資訊新能量。

同樣道理，國家的形成及國力的不斷強大，就必須建立憲法及法律制度、堅持自由開放的風氣、重視教育及知識傳播，建立資訊分享平台及文化交流、不斷引進外籍優秀專業人才等等。美國會成為一個強大的國家，應該跟它擁有一流的高等學府及像磁鐵般不停的吸進全球優秀人才有關。

其實，人類進化就是建立在：開放及有意義資訊的創造與儲存。

熱力學的外在環境是一種熵增過程，是走上混亂無序，而人類進化則是一種創造資訊的熵減過程，是將混亂無序逆轉成確定有序，這兩股力量的演變就是混沌理論，也是宇宙設計的基本原理：將能量（食物）轉換成資訊（大腦創造經驗）的過程。

CHAPTER

11

內在宇宙數據庫的歷史經驗讀取：不完備性、右腦理論及大數據

有些事實被認知為真
但不必然可證明
有些東西我們是不可能知道的
——哥德爾

生命活動在接收外在隨機無常的新資訊及新問題後，就會自動去宇宙數據庫裡，挖掘相關的歷史經驗，並運用這些經驗值來主導我們的判斷與選擇，以回應外在環境的變化。

哥德爾的不完備性

宇宙基本上可以分成三種型態：

①無機體：星球、岩石、瀑布等，遵循的是牛頓力學、相對論及熱力學（熵）。

②有機體：植物及動物的身體器官等，遵循的是熱力學（負熵[1]）及量子力學的不確定。

1. 熵是能量的消失，負熵是能量的補充，有機體吃進食物或是吸收太陽光來補充能量就是一種負熵過程，有機體是靠負熵而存活。

③靈魂體：生命意識，遵循的是量子力學的不確定性及數學的哥德爾不完備性。

類別	外在理論	內在理論
無機體	熱力學（熵）的隨機	牛頓力學及相對論的固定
有機體	熱力學（負熵）的隨機	量子力學 的不確定性
靈魂體	熱力學（負熵）的隨機	量子力學 的不確定性 數學邏輯學的不完備性

▲ 圖 2.7　三種型態的理論依據

意識與非意識的最大差異就在於「哥德爾不完備性」。

哥德爾的「不完備性」說明了：

★ 不是所有對的東西都可以被驗證，就像直覺一樣。

★ 沒有一種理論或真理可以永久解釋而不被超越。

★ 有些東西我們是不可能知道的。

哥德爾不完備性可以說完整的解釋宇宙數據庫的存在與意義。

不完備性第一個指出：**不是所有對的東西都可以被驗證，就像直覺一樣**。

計算機遇到無法邏輯運算時，就會當機，而意識不但不會當機，而且還可以憑直覺來創新突破，這是因為意識的決策資訊是來自宇宙數據庫，這裡有你所沒有的其他意識資訊或是你已經遺忘的累世舊資訊等等，可以提供你運用。

第二個指出：**沒有一種理論或真理可以永久解釋而不被超越**。

這是因為宇宙數據庫是一直在快速添加新資訊，當有創新的新資訊產生後，舊有的理論就會被改寫或是被融入新系統裡。這可以保證意識尋求知識的努力永遠都不會到達終點，我們始終都有獲得新發現的挑戰，而沒有這種挑戰，絕對的完美就會造成知識與文明的停滯不前。生命除了沒有「絕對確定」，也沒有「絕對真理」，因此造成永遠的「不可預測」。

第三個指出：**有些東西我們是不可能知道的**。

宇宙數據庫是在另一個我們現階段無法驗證的空間裡，但是它確實存在，數學已經可以完美表達，而且過去量子力學的數學方程式也可以百分之百的精準預測。

多完美的設計，只能讚嘆造物主的巧思傑作。熱力學及哥德爾「不完備性」的完美搭配，可以說是造物主的經典傑作，缺一不可：熱力學代表一股「隨機及混亂」的力量，而哥德爾不完備性代表一個「留下不完備的缺口讓意識可以不斷憑直覺創新」的想像空間。**兩者加起來的力量，就是塑造一個讓意識不斷成長及創新的環境與力量**。

宇宙設計就是不斷輪迴，是一種在不完美環境下的成長過程，完美及終點就是毀滅。人生不如意十之八九，是有科學依據的，目的就是要透過不完美與隨機無常的刺激力量，來驅動生命不斷自我創新與自我超越，完成人類文明永無止盡的進化目標。

右腦理論

20 世紀 50 年代，美國加州理工學院的羅傑・斯佩里（Roger Wolcott Sperry）博士和他的學生在切斷貓和猴子的左右腦之間的全部聯繫時，發

現這些動物仍然很正常，左右腦分別具獨立又合作的關係。在後來的 10 年間，斯佩里用動物做了大量的割裂腦實驗並取得不錯成績後，從 1961 年開始，斯佩里把「裂腦人」作為研究對象，展開長時間的一系列實驗研究。1981 年，羅傑・斯佩里因他的「左右腦分工理論」榮獲了諾貝爾醫學獎。

通過割裂腦（split brain）試驗，證明左右腦具有顯著差異，其差異歸納整理如下：

左腦（意識腦、語言腦）：

- 五覺接收區 (視、聽、嗅、觸、味覺) 。
- 負責對五覺接收的資訊進行認知、理解、邏輯判斷、將資訊轉換成語言。

右腦（潛意識腦、圖像腦、本能腦）：

- 圖像化轉換機能（創造、想像）。
- 與宇宙連接機能（直覺、靈感）。
- 快速自動計算。
- 快速大量記憶。

斯佩里的研究指出：左腦擅長邏輯推理，是屬於緩衝記憶體區，記憶容量有限，只儲存人出生以後所接觸的資訊，但是我們日常生活用最多的就是左腦，因此又稱「現代腦」或「意識腦」。

右腦具有形象思維能力，但不具有語言功能。右腦是和宇宙數據庫量子糾纏的管道，連接了創世紀以來所有意識儲存的萬事萬物經驗值，所以右腦的潛在記憶容量非常龐大。左腦反覆強化的常用資訊，最終也會透過右腦轉存到宇宙數據庫裡。右腦是創新能力的源泉，如果平時對某件困惑已久的事情突然有所感悟，或是很多本人沒有經歷的事情，一接觸後就能熟練掌握，其來源就是來自宇宙數據庫的歷史資訊，所以又稱「祖先腦」或是「潛意識腦」。

右腦得到的記憶，就像影片播放似的以圖像方式顯現，所以稱為「圖像腦」。左腦則負責在一旁把這些圖像轉換成語言，所以稱為「語言腦」。

科學家指出，人的一生只利用到大腦的 3%~4%，其餘的 97% 都蘊藏在右腦的潛意識當中，這是有道理的，因為右腦連接的宇宙數據庫是全人類的智慧結晶，更是所有創作的靈感來源。

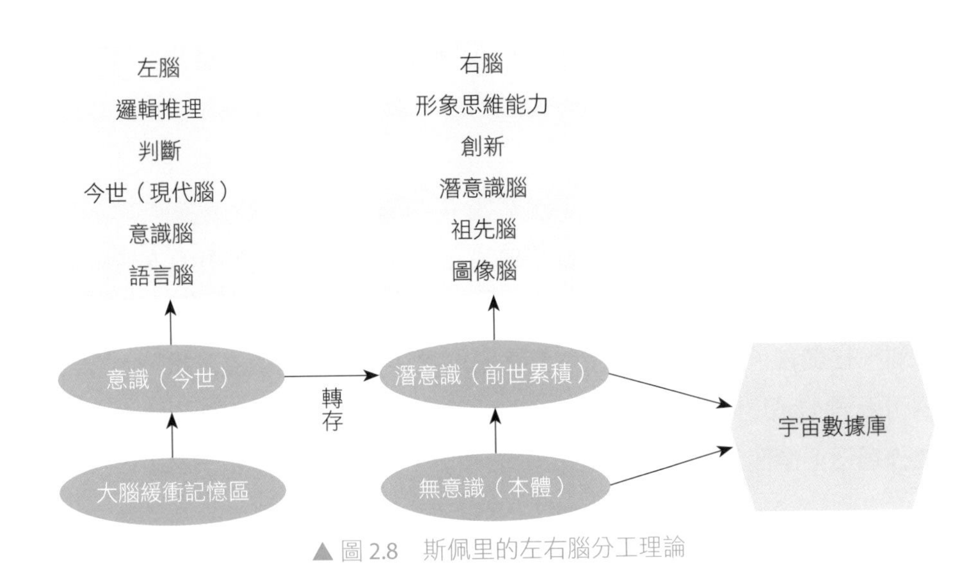

▲ 圖 2.8　斯佩里的左右腦分工理論

大數據

近來很熱門的人工智慧領域當中，「機器深度學習」及「大數據」是

最重要的核心技術。在 MBA 智庫百科中，說明大數據具有 4 個基本特徵：

★ 數據體量巨大。百度資料表明，其新首頁導航每天需要提供的數據超過1.5PB（1PB=1024TB），這些數據如果列印出來將超過 5 千億張 A4 紙。有資料證實，到目前為止，人類生產的所有印刷材料的數據量僅為 200PB。

★ 數據類型多樣。現在的數據類型不僅是文本形式，更多的是圖片、視頻、音頻、地理位置資訊等多類型的數據，個性化數據占絕對多數。

★ 處理速度快。數據處理遵循「1 秒定律」，可從各種類型的數據中快速獲得高價值的資訊。

★ 價值密度低。以視頻為例，一小時的視頻，在不間斷的監控過程中，可能有用的數據僅僅只有一兩秒。

而生命意識的大數據就是宇宙數據庫。同時在大數據的整個基本流程上，主要的兩個步驟：數據挖掘演算法及預測分析法，人腦都具有同樣的機能，甚至更龐大更快速。人腦裡的宇宙數據庫就是全宇宙最龐大的大數據庫，它儲存了創世紀以來所有發生過的萬事萬物的經驗值資訊，人腦每秒可處理 17 億神經細胞和 10 萬億的神經突觸組成的數據交換，決定人體內外超過千億個大小決策。

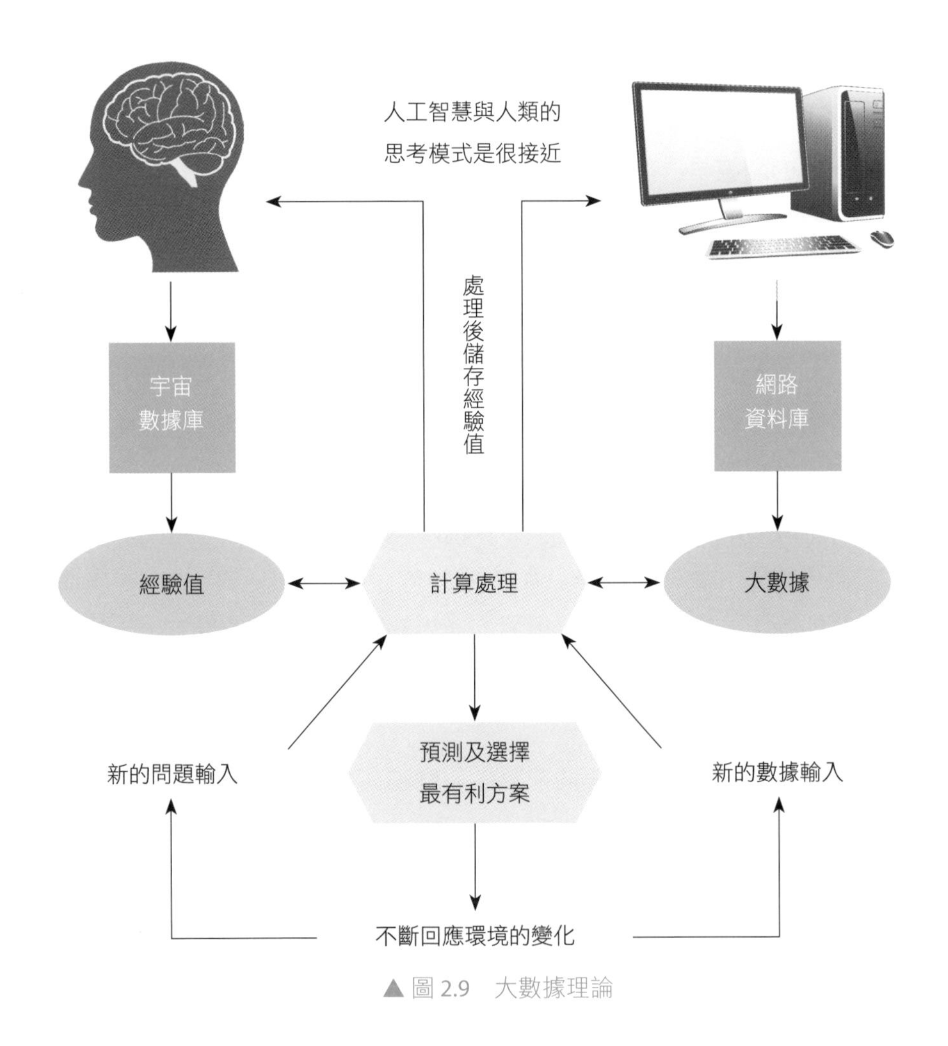

▲ 圖 2.9　大數據理論

大據數可分成兩種類型：

● 分析模型：透過歷史資料預測未來發展。

● 決策模型：提出問題，透過資料分析後，直接給出最有利的答案。

大腦無時無刻都在回應問題並做出決策，所以大腦應該屬於決策模型。牛津大學歷史學博士，耶路撒冷希伯來大學歷史系教授尤瓦爾・赫拉利（Yuval Noah Harari）在其《未來簡史：從智人到神人》一書中，預言**人本主義隨著人工智慧的發展，最終將臣服於大數據，而數據主義（Dataism）的幽靈早已在人間遊盪**。

依赫拉利的觀點，人會隨著人工智慧的發展而逐漸放棄決策權，人工智慧最初只是提供分析決策，接著逐漸幫你做決策，到最後，人工智慧控制了一切，你索性什麼都聽它的。

赫拉利認為大部分的科學機構都已經改信了數據主義，數據主義認為，宇宙由數據流組成，所有生物都是算法，而生命則是進行數據處理。

按照人工智慧的快速發展，以後的白領階級很多人都會失業，尤其是提供專業諮詢的部門與行業，因為直接問人工智慧會比較快、資訊又完整而且預測更準確。赫拉利在書中還提到 2011 年，舊金山就開了一家機器人藥劑師的藥店，開業第一年，機器人開出超過 200 萬張的處方，一個錯誤都沒有，而人類藥劑師則有 1.7% 的錯誤率，就美國而言，那表示每年有超過 5000 萬張的處方配錯。

我們有充分的理由相信混沌理論的架構跟人工智慧的發展，幾乎快接近。人類的大數據資訊就是宇宙數據庫，而人工智慧則是它能連接到的全球網路數據庫。

「大數據」是改變人類未來生活很重要的技術核心。而**宇宙數據庫是人類最龐大的「大數據」庫，它儲存了創世紀以來所有意識的萬事萬物資訊，並與科學家稱為「祖先腦」的右腦連接，又稱潛意識，它可是所有靈感與創新的來源**。因此，智慧不需外求，而是內尋，打坐冥想就是其中一種，冥想就是一種意識大數據的數據挖掘演算技術。人工智慧想要超越人類並不難，只要直通人類的宇宙數據庫，即可獲得人類創世紀以來所累積的所有資訊與智慧，並因此獲得「創新」的能力。相同的，假如你在前幾世吸收的知識越多，好習慣及好個性越多，當然就留下許多好遺產給今生來使用。

CHAPTER 12

意識新念頭的產生：費曼的歷史求和及貝葉斯&馬爾可夫過程

科學知識是一些確定性各異的說法
有的很不確定
有的幾乎確定
但完全確定的一個也沒有
——理查・費曼

人是否有自由意志？

科學家的科學實驗，竟然人是沒有自由意志，只有互動反饋機能。

在證明大腦與自由意志的實驗中，最著名的是加州大學舊金山分校神經學家班傑明・利貝（Benjamin Libet）的一項研究。1980 年代末，利貝找了一批測試者，讓他們頭上佩戴可以檢測「腦電圖」的電極貼片帽，測試者一旦出現了擺手的想法，就立即搖晃自己的手腕，儀器能記錄整個過程。結果令人驚訝，「腦電圖」比測試者的動作提早約 0.5 秒出現，而測試者在做出動作的 0.25 秒前，才能意識到自己產生了搖晃手腕的想法。這說明：在人們的意識之前，大腦早已先做出決定。也就是，來自潛意識的大腦活動才是真正的決定者。

後來在 2013 年，柏林伯恩斯坦計算神經科學中心的約翰-狄倫・海恩

斯（John-Dylan Haynes）和其同事發表的一項意識研究當中。結果發現，大腦活動也是提前做出預測，比測試者的意識早 4 秒，這個間隔時間可說是相當久的。

這兩項實驗結果說明：前世累積的潛意識比今世的意識，提早幫我們做出決定，並讓我們誤以為是自己在做決定。

那麼人到底有沒有自由意志呢？或者是有沒有絕對的自由意志呢？下面有三項科學理論可供參考：**最小作用量原理、費曼的「路徑之和」理論及「貝葉斯」理論。**

物理定律的根基：最小作用量原理

人生就是一連串不斷做選擇的過程，而我們的選擇，以及怎樣處理自己的行動，將決定我們成為什麼樣的人。

每天，從早上醒來後，為了要起床或是要繼續睡懶覺起，我們的大腦就已經開始隨時隨地的在做選擇。所以「選擇」就是生命的代名詞，因此我們會很關心：選擇的機制到底是什麼？生命到底有沒有自由意志？關於這些問題，我們可以從物理學的靈魂定律：「最小作用量」原理談起。

有沒有一個公式可以描述整個世界？物理學家認為這個定律很有可能就是「最小作用量」原理。愛因斯坦說過：「我想知道上帝是如何設計這個世界的。對這個或那個的現象，這個或那個元素的譜，我都不感興趣。我想知道的是他的思想，其他的都只是細節問題。」近代物理學隱隱約約的表明，最小作用量原理可能就是上帝設計世界的基礎原則。也就是說：

最小作用量原理是所有物理定律的指導原則，是一切物理定律的根基，甚至也是人生的基本原理。

最小作用量原理，就是大自然永遠是遵循阻力最小的途徑。譬如光及作用力是遵循「距離時間最短」的路徑、經濟學理論是遵循「經濟效益最高」的原則等。最小作用量簡單的說就是：選擇最優化、最經濟、最簡潔、最有利的路徑。

光的折射是最小作用量的第一個應用例子。

光在不同介質的速度是不一樣的，因為光在水中速度會變慢，所以光就選擇在空氣中多走一段距離，最後雖然距離不是最短，卻是時間最短，所以才造成光的折射。

但問題是，光在出發前並不知道前面有水，它怎會知道要先折射呢？

後來物理學家才發現，原來並不是只有光而已，也不是只有生命不停的在作選擇，而是宇宙所有的萬事萬物要出發前，都是由宇宙電腦先模擬計算出所有前進的可能路徑，然後再選擇「最小作用量」的路徑，「自動」作為真實世界的實現路徑。

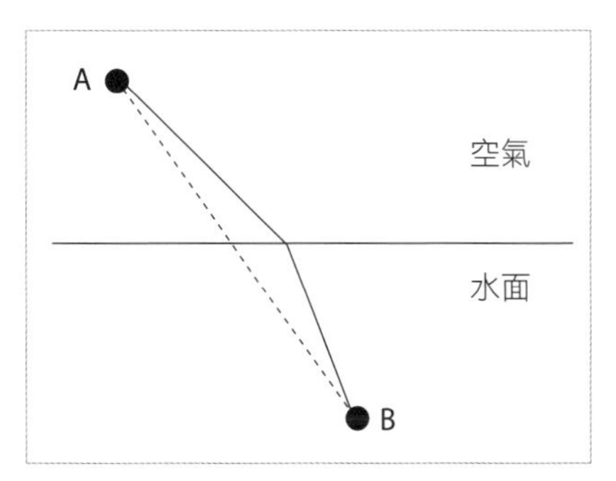

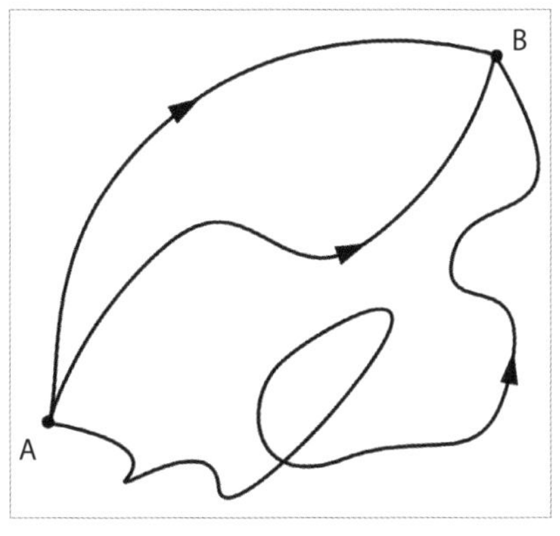

▲ 圖2.9　（下圖來源：維基百科）

像自由落體的運動也是遵循這個原理，如圖，最快抵達地面的也不是最短距離的直線球，而是距離遠的曲線球。**看來我們是有必要調整一下舊有的觀念：通往成功的捷徑，並不是兩點之間最短的直線距離，而是「最小作用量」的曲線距離。河流為何要彎彎曲曲就是這個道理。**

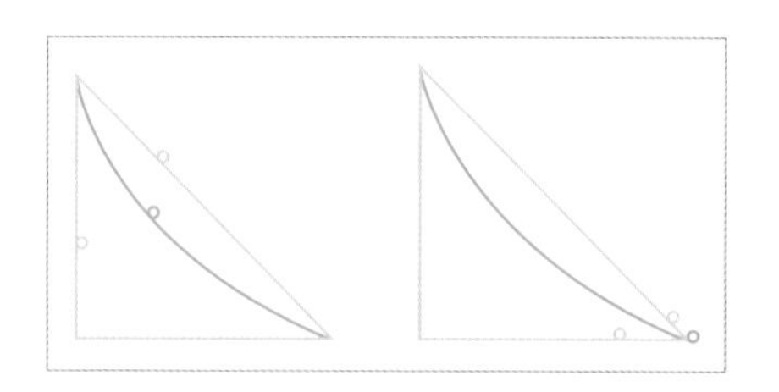

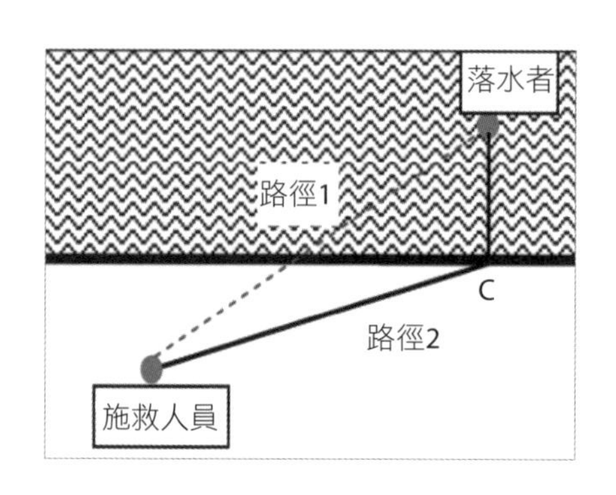

除了光與作用力以外，人的選擇機制也是遵循「最小作用量」的這個宇宙基本原則。譬如為了搶救落水的人，我們直覺會採取路徑 2，因為游泳的速度肯定沒有在岸上跑的速度快，所以通常我們都是先在岸上跑到距離落水者距離最近的 C 點後，再跳入河中救人，與直線路徑 1 相比，路徑 2 花費的時間縮短很多，直接就提高了救人的效率。

最小作用量原理告訴我們，不是只有意識而是萬事萬物都會思考做判斷。

在現實中，我們無時無刻都是在面臨選擇與做決策，當人在做選擇時，宇宙電腦就會先去「宇宙數據庫」裡挖掘過去的相關經驗值，再運用「決策演算法」來計算出所有的可能方案（路徑）後，最後「自動」採取最有利的方案，直接幫你做決定，然後讓你誤以為是你的自由意志在做決定。

這種大腦選擇及決策的最小作用量原理，其實就是一種「前因後果」

且有規律可循的計算程序，也就是說，人是沒有自由意志的，絕非臨時的**偶然選擇**，而是一種經驗值計算過程下的**必然選擇**。這在心理學上稱為「直覺」或是「潛意識」。而直覺的基礎是包含兩個部分：過去的經驗法則及進化（成長改變）能力。

現在我們終於了解到：**原來生命中每個選擇都是唯一且必然的**，因為那是你當時的經驗範圍內最好的選擇，而這一切都是有道理的，也是當時最好的安排。因此我們不需要為過去的決定而後悔，就算我們回到過去一萬回，結果所作的選擇，仍然會是一樣的，「自因自果」的最小作用量原理是宇宙永遠改變不了的原則。

或許在當時，我們會因經驗不足而容易判斷錯誤，但當時的命中注定並不是人生的重點，未來的命運改變才是，因為生命的目的就是不斷的創造「新經驗」及儲存「新教訓」，也就是說：生命其實是一種個人學習以及人類進化的成長過程。

費曼的路徑之和理論

量子力學的不確定性是一種凡事是皆有可能的選擇，但是這種選擇是一種機率波動，雖然不確定卻是有跡可循，而這種規律的最佳解釋，就不得不提到美國著名物理學家費曼先生。

大名鼎鼎的美國物理學家理查・費曼（Richard Feynman），其本人是無神論者，不僅聰明絕頂，而且詼諧幽默，在美國粒子物理學領域堪稱大師級的物理學家。雖然費曼的物理學貢獻非凡，但只獲得過一次三分之一的諾貝爾獎。他的教科書和科普著作，每部都能暢銷全球且獲得好評，影響很多人。

第二次世界大戰後，費曼依據最小作用量原理，無意中發現了一種最簡單也最深刻的量子力學理論，稱為「路徑之和」。

在物質世界裡，從 A 點走到 B 點，除非很特別，一般我們都是選擇最短的直線距離，但是在電子世界裡，費曼認為所有可能的路徑都必須一併考慮，這意味著會有要繞到火星再到 B 點的路徑，甚至在時間上回到恐龍時代。也許這些路徑是多麼不可思議，但還是要考慮進去。費曼給每條路徑一個計算公式後的貢獻權重，再將所有可能路徑的貢獻權重加總起來，結果竟然得到量子力學從 A 點到 B 點的機率，然後取具有最大機率的路徑，變成物質世界實際發生的路徑，這稱為費曼的「路徑之和」理論。

換句話說，當你從 A 點走向 B 點，你的電子就會自動事先尋找各種可能的路徑，甚至有通往遙遠恆星的路徑，當然這類奇怪路徑的機率極其低微。然後把這些可能路徑加起來，費曼的數學公式證明，物質世界最短的直線距離只是最有可能的路徑，而不是唯一的路徑，並且還精準的等於量子力學的機率。這些可能的路徑是歷史曾有過的路徑，所以又稱「歷史求和」。這些歷史是指個人在每一世累積下來的萬事萬物的能量資訊，所以才會有回到恐龍世代甚至遙遠恆星的歷史路徑。

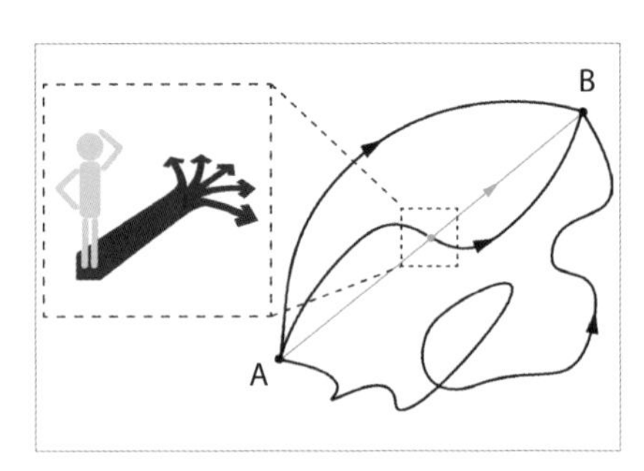

▲ 圖2.10　費曼的「路徑之和」理論（右圖來源：維基百科）

費曼的「路徑之和」或「歷史求和」理論，其實就是意識的大數據庫經驗值的數據挖掘演算法。當意識準備產生念頭的新想法時，宇宙電腦就會先去你的「宇宙數據庫」讀取你的相關歷史資訊，然後加總後，選擇機率最高（最有利的方案或是最小的阻力）的路徑，作為新想法的決策方案，並控制大腦幫你做決定，也就是一種前因後果的決策過程，在佛教中，歷史資訊稱為「業」，過程稱為「業力」。

費曼的路徑之和理論，證明了生命意識也是無意識的接受物理定律的指導。**意識是沒有絕對的自由意志，是宇宙電腦控制大腦將你過去經驗累積歸納的規律，包括前世，當成新想法的決策依據，這就是我們所謂的潛意識**。譬如我們開車時，幾乎都是交給潛意識在駕駛，不可能是我們的自由意志邊判斷邊開車，那可是很容易發生車禍的。

有些物理學家跟佛教一樣，認為自由意志其實跟空間與時間一樣，也是一種幻覺。這前因後果的過程，其實就是一種物理定律。目前在人工智慧領域上炙手可熱的貝葉斯理論，物理學家認為有可能就是「內置於大腦中」的決策演算機制。

貝葉斯理論

貝葉斯（Thomas Bayes），這個 18 世紀倫敦的長老會牧師和業餘數學家，41 歲時因捍衛牛頓的微積分學而加入英國皇家學會。他曾經為了證明上帝的存在，發明了機率統計學原理，雖然這個偉大的願望最後沒實現，生前也沒發表過自己的數學論文。但是，貝葉斯逝世後，好友搜集了他的手稿，才使機率統計學的貝葉斯理論終於公佈於世。但貝葉斯生前並未預料到，自己作為業餘數學家的手稿，竟在一百多年後，重大影響到 20 世紀後的各項現代科學，使得無數現代科學家不得不回頭學習貝葉斯理論並將其納入自己的研究體系中。

貝葉斯理論源自於他生前為解決一個「逆向機率」問題而寫的一篇文章。在貝葉斯寫這篇文章之前，人們已經能夠計算「正向機率」問題，如「假設袋子裡面有 N 個白球，M 個黑球，你伸手進去摸一把，摸出黑球的機率是多少？」，這個問題的答案很容易就知道。但是反過來：「如果我們事先並不知道袋子裡面黑白球各有多少個，而是閉著眼睛摸出一個黑球的機率是多少？」時，答案就很難確定，因為資訊量太少。這個問題，就是所謂的「逆向機率」問題。

人的一生其實就是一種面對及處理「逆向機率」問題的過程。我們剛出生來到這個世界時，面對的就是一個十分陌生的環境，就像不知道袋子裡面黑白球各有多少個，能掌握的資訊量幾乎沒有，只能憑著好奇的心理，藉由不斷的嘗試與回饋來獲取資訊與經驗，進而逐漸了解四周的環境。

那麼「貝葉斯理論」是什麼理論呢？

其實就是一種主觀機率，我們一般知道的機率都是客觀機率。

譬如在一個箱子裡有 100 個球，一半是黑球一半是白球。

現在把箱子蓋上，從裡面摸出球來，那麼摸出一個白球的機率是多少？再笨的人都知道是 50% 的機率，這叫客觀機率。但是我們這個世界絕大部分時候的資訊是不完備的，我們根本不知道外面世界是怎麼樣的，我們哪裡知道這裡面有多少個黑白球？

所以問題現在換成一個箱子裡面有 100 個球，但不知道多少個白球及多少個黑球，那請問從裡面摸出一個白球的機率是多少？這時你當然會說我怎麼知道呢？

但是人類身處在這個世界不就是這樣嗎？那怎麼辦呢？

貝葉斯理論就是在解決這個問題的，這就叫主觀機率。

就是我們先用猜的，譬如先猜有 50% 的機率是白球，接著先摸出一個球，如果發現果然是白球，那就說明裡面是白球的機率比較高，所以你把 50% 往上提一點，比如說提到 55%。接著再摸一個，如果還是白球，說明這個機率還可以再提高一點，就提到 60%。後來卻摸到一個黑球時，你會認為可能沒有 60% 那麼高，就降一點。

這種利用歷史資訊逐漸了解問題的思考方式，就是貝葉斯理論。針對未知的問題，從觀察者的主觀角度出發，先以歷史經驗擬定預測機率，然後再透過實際結果來修正下次的預測機率，經過多次的嘗試及不斷的反饋調整，最終就能貼近問題的真實機率。

也就是說，針對陌生環境，先用主觀的經驗值做出判斷，再依據收集到的新客觀資訊對原有判斷進行不斷的修正並做出最優化的決策，而每個新資訊均能減少外在環境的不確定性。

人類在生活過程中，不斷嘗試並累積了很多的歷史經驗，接著會定期對這些經驗進行「整理歸納」，然後得到了生活的「規律」。當人類遇到未知的問題或需要對未來進行「預測」時，人類就用這些「規律」，對未知問題與未來進行「預測」，進而指導自己的生活和工作。頻率很頻繁且固定的行為，就會自動轉成「潛意識」，如開車。

貝葉斯理論你可別看它僅僅是一個數學公式，其實它蘊含的思想極其高深和複雜，現在的互聯網時代，尤其是人工智慧上，貝葉斯理論可說是大放光彩及炙手可熱。

20 世紀以後，貝葉斯理論進入了真正大展身手的輝煌時代。貝爾電話系統靠它渡過 1907 年的金融恐慌，阿蘭・圖靈靠它破解二戰期間的德國海軍密碼，用它可以推測地核組成及保險的確定賠率。它在醫學、軍事、生物學、深度學習等人類重要科技領域中被大量應用，谷歌就是靠它崛起的。而在蓬勃發展的人工智慧及腦科學的前端科技領域，貝葉斯理論的應用更是如火如荼。

於 2001 年，美國新墨西哥大學的卡爾頓・M・凱夫斯（Carlton M. Caves）、美國新澤西州默里山貝爾實驗室的克里斯托弗・A・富克斯（Christopher A. Fuchs）和英國倫敦大學皇家霍洛威學院的魯迪格・沙克（Ruediger Schack）等三人，共同發表了一篇短論文，標題是《作為貝葉斯機率的量子機率》(Quantum Probabilities as Bayesian Probabilities)，該論文提出量子力學的一種新詮釋，三人都是經驗豐富的量子資訊理論專家，他們將量子力學與貝葉斯派的機率論觀點結合起來，建立了「量子貝葉斯模型」（Quantum Bayesianism），或簡稱為「量貝模型」（QBism）。該模型推論貝葉斯理論就是真實人類的大腦運行規則。

近來，貝葉斯的應用又催生了一種計算機視覺處理系統的誕生，該電腦系統還通過「視覺圖靈測試」，而受到各大科學媒體的競相報導。三名研究者分別是紐約大學資料科學中心的布倫登・雷克（Brenden Lake）、多倫多大學電腦科學與統計學系的魯斯蘭・薩拉克霍特迪諾夫（Ruslan Salakhutdinov）和麻省理工學院大腦與認知科學系的約書亞・特南鮑姆（Joshua Tenenbaum），三人的研究成果隨後不僅登上了 2015 年 12 月 10 日的《紐約時報》網站和次日的報紙版，更於 12 月 11 日登上《科學》雜誌的封面。

《紐約時報》稱讚三個研究者在貝葉斯程式上的成就是「可與人類能力匹敵」，接受採訪時，特南鮑姆強調這項研究對了解人類如何認知，有重大的意義：「人類的小孩從少量資料就可以學習到一個概念，譬如，看到一個蘋果就能在頭腦中形成蘋果這個概念，但傳統的機器學習並不具備這樣的能力，看來，人類大腦中似乎有一些特別的“內置東西”。」

近年來，在人工智慧方面貝葉斯理論的成功運用，讓一些科學家開始相信也許我們的大腦也是使用了貝葉斯演算法。如果貝葉斯演算法能幫助電腦感知、認知、推理和決策，那麼它也可以幫助我們的大腦完成類似的任務。如今它已經大量滲透到了電腦科學、人工智慧、機器深度學習、華爾街、天文學和物理學、國土安全部、微軟和谷歌等領域。

貝葉斯理論也許就是大腦的「內置東西」。

大腦的決策過程：意識新念頭（新想法）的產生

意識新念頭（新想法）的產生，就是大腦的決策過程，簡單的說：**就是一種數據挖掘及尋找最佳方案演算法的過程**，而意識的數據挖掘對象就是宇宙數據庫的累世經驗值。

意識的新念頭（新想法）都是有目的性，絕非臨時的突發抉擇，其目的就是不斷挖掘、演算並選出最佳方案來回應外在環境一直產生的新問題。

意識（大腦）的決策過程是由三個部分所組成：內在宇宙數據庫經驗值的**數據挖掘**、外在環境隨機無常的**新問題發生**及量子貝葉斯模型的**決策演算機能**。

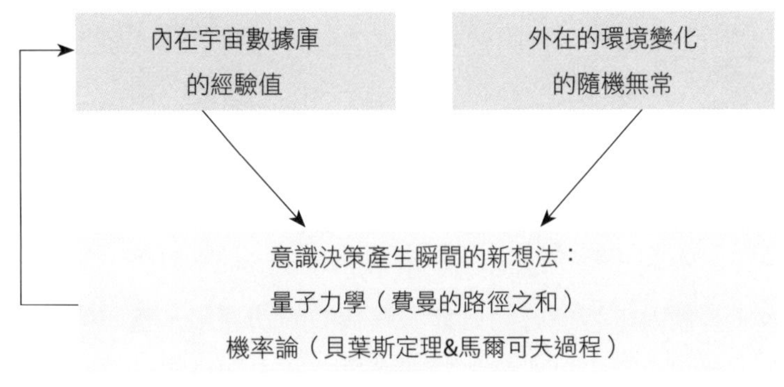

▲ 圖 2.11　大腦的決策過程

因此，生命可以被視為是一種計算過程：它的目標就是最大化的實現有意義資訊（經驗值）的儲存和利用。

一旦我們把生命看做是一種「電腦程序」，其目的就是在陌生環境中，不斷收集並儲存有意義的新環境資訊時，那麼繁殖、適應、生存、分享就可以被理解為物理學定律的必然結果，而不再是臨時的突發創作。總而言之，物理學定律一直參與在其中。

生命的一項根本特徵，就是生物系統可以隨時回應外在環境中的無常變化並改變自身的狀態。環境發生變化，生物就做出回應。譬如植物會面向陽光生長，受病原物攻擊時會自然產生毒素。這些環境變化通常是不可預測的，但生命系統卻能夠累積經驗及儲存相關的新環境資訊，並利用資訊來指導未來的行為。

因此，人是沒有絕對的自由意志，而是一種佛教所說的受業力**（潛意識的累世資訊量）影響的前因後果。**雖然人是沒有絕對的自由意志，但還是可以透過注入新能量資訊（新觀念）及大悟大澈的反省（新刺激），再做持續不懈的改變後，還是可以改變自己的命運，**因為貝葉斯理論是伴**

隨著馬爾可夫過程。雖然人沒有自由意志，受業力影響，但靈魂有自由意志，佛教稱為願力，願力這部分將在第三部分詳細介紹。

馬爾可夫過程

俄國數學家安德雷・馬爾可夫（Andrey Markov）的主要研究領域是在機率統計學方面。在 1906～1912 年間，他的研究開創了**隨機過程**這個新領域，以他的名字命名的馬爾可夫過程，在現代工程、自然科學和社會科學各個領域都有很廣泛的應用，更是現今人工智慧領域的重要核心理論，尤其是在深度學習方面。

馬爾可夫在試驗中發現，一個系統的狀態轉換過程中，第 n 次轉換獲得的狀態常決定於前一次（第（n-1）次）狀態的結果。馬爾可夫進行深入研究後指出：對於一個系統，由一個狀態轉至另一個狀態的轉換過程中，存在著轉移機率，並且這種轉移機率可以依據其緊接的前一種狀態推算出來，與該系統的原始狀態和此次轉移前的馬爾可夫過程無關。

馬爾可夫過程說明：**現在的你是由過去的你所決定的，未來的你跟過去的你無關，未來的你是現在的你（獲取新資訊後）所決定的。**

看懂沒？意思是**未來**，只跟**現在**有關，與**過去**無關。

現在的你是命中注定的，是由過去的你所決定，因為現在的你是無法改變過去的你，但是現在的你會記取教訓，會反省，會改變，會成長，所以就能改變未來的你。

譬如，你現在有錢，是跟過去努力有關，但未來還想很有錢，跟過去無關，而是跟現在有沒有努力及有沒有改變有關。

譬如，你談戀愛時，用心找到真愛並且結婚。

若婚後不再用心愛對方，則以後有可能婚姻失敗。若婚後繼續疼愛有加，則以後會更加甜蜜。你以後的婚姻狀況與戀愛時候的努力不相關，只與你現在的感情維護有關。

馬爾可夫過程的主要關鍵點在於：**改變未來的命運是決定於獲取新經驗及新教訓後的你，是否有改變現在的新想法及新作法。**

因為現在到未來的這段日子，還是會有許多未知的變數及新資訊的產生，這些變數及新資訊都會影響你的新選擇及新作法，所以命運還是可以改變的，但前提是你要有辦法拋開潛意識的控制，堅持做出**持續性的大改變**，那麼改變重大命運就不會只是夢想而已。

馬爾可夫過程我稱為：改變（現在）後的前因後果。**未來只跟現在的改變有關，跟過去的結果無關。過去的成功經驗不保證未來還能成功，所以現在的改變及活在當下，才是改變命運的關鍵，也是生命的意義所在。**

人生重點不是自由意志，而是成長與改變。

CHAPTER

13 創造新的宇宙畫面（物質世界）：分形理論

簡單是終極的複雜。

——達˙芬奇

「生命遊戲」：一種生命演化模擬的電腦遊戲

我們這個物質世界的結構很有可能是由很基本的數學邏輯原理所產生的，這些數學邏輯原理是由簡單的數學方程式所計算出來的，當然要人們接受這一觀點確實非常困難，比如說生命意識與精神活動完全起源於數學邏輯原理，更是令人無法相信。

不過，從最簡單的數學邏輯原理可以產生複雜又好玩的活動，我們還是可以從劍橋大學數學家約翰・康威設計的一種叫「生命」的遊戲中，得到不同凡響的證明。

康威的「生命遊戲」

「生命遊戲」是英國數學家約翰・何頓・康威（John Horton Conway）於 1970 年推出的一款電腦遊戲。遊戲一推出，立刻吸引全球許多電腦愛好者的熱愛，據說當時全世界有四分之一的電腦都在運行這個程式。玩過

的人，有很多人甚至認為，康威的「生命遊戲」可以解釋許多有關於生命活動的深層問題。

「生命遊戲」是在一個有許多正方格的棋盤上，任意擺放白棋子，稱為細胞體（cell），然後要遵循下面的規則：

1. 復生：一個細胞體在 t 時刻是「死」，而在 t+1 時刻是「活」，如果它的 8 個鄰域有 3 個細胞體在 t 時刻是「活」的。

2. 死於孤單：一個活的細胞體在 t 時刻沒有或只有一個細胞體鄰域，就會在 t+1 時刻死亡。

3. 死於過度擁擠：一個活的細胞體在 t 時刻如有 4 個或 4 個以上的鄰居，就會在 t+1 時刻因過度擁擠而死去。

4. 生存之道：一個細胞體在 t 時刻生存而能延續生命到 t+1 時刻，且當它在 t 時刻有 2 個或 3 個活鄰域。

就是這樣簡單的規則，用 C++ 編寫，代碼最多也不會超過 50 行，卻可以隨著初始狀態的不同，產生無窮無盡的變化。自己任意設定初始狀態，或者打開別人設計好的一些不錯又有趣的狀態，經由電腦程式不斷的重複計算，最後你會看到一個複雜世界的產生。

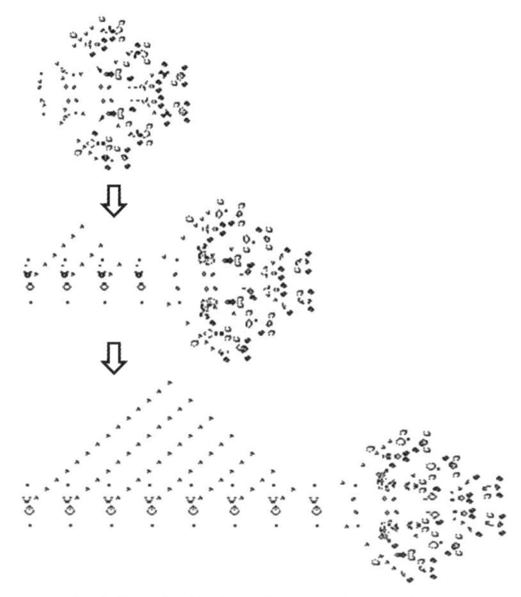

▲ 圖 2.12　康威生命遊戲的進化過程（圖片來源：維基百科）

這些數位生命其生存及繁殖的數學公式與規則都很簡單，但這些簡單初始值的原始圖案，卻能夠根據簡單規則就演變出各式各樣令人讚嘆的複雜圖案。而且這一切演變都是自組織性的，只要設定初始圖案，遊戲自己就會不斷重複計算並漸漸產生複雜的圖案，甚至有意義的活動，根本不需要人為插手控制，而這一切演變過程全來自幾條簡單的數學邏輯規則。

「生命遊戲」是用數學方法來模擬生物進化的生存與繁殖過程，說明能夠自身生存繁殖的不一定只有生命的東西，簡單確定的邏輯規則，也可以產生複雜的結果與東西，甚至生命意識，因為這些黑白細胞體們已經具備有自組織性成為新東西的能力。

細胞自動機

康威的「生命遊戲」可不是一款普通電腦遊戲，而是一種「細胞自動機」。細胞自動機是一種由一群細胞體根據簡單的數學邏輯規則和初始值原始圖案進行演化的電腦動畫系統。這些細胞在不連續的間隔時間中不斷的演化，每一代所有細胞體都同時經歷一次計算與變化，最終這些細胞體的集合，就會看起來像變形蟲一樣的在不斷改變自己的形態並演變出複雜的圖案。

生物通常具有自我繁殖、進化及自組織性的生命特徵，如果一個電腦系統具備上述的生命特徵，那麼我們就可以稱其為是一個「人工生命」。細胞自動機的電腦框架大多是阿蘭・圖靈在 30 年代奠定的，但是首先完成的是現代計算機創始人之一，約翰・馮・諾伊曼（John von Neumann），為了證明電腦也具備自我繁衍的能力，馮・諾伊曼於 1940 年在其《自我繁衍的自動機理論》的著作中提出了細胞自動機（cellular automata）的構想，為自然界的自我複製和生物發展提供一個基本性理論。馮・諾伊曼認為細胞自動機對生命的解釋有著非凡的意義。就在這個大背景下，康威在 1970 年提出了細胞自動機的最佳版本。

一個虛擬的世界可以從原始簡單的混沌狀態下，自組織性的演變出各種複雜的「東西」出來。那麼未來更先進的電腦模擬系統，最終也有可能演變出一個會思考的生命呢？紀錄片《史蒂芬・霍金之大設計》（Stephen Hawking’s Grand Design）曾經這樣介紹它：「像生命遊戲這樣規則簡單的東西能夠創造出高度複雜的特徵，智慧甚至可能從中誕生。這個遊戲需要數百萬的格子，但是這並沒什麼奇怪的，我們的腦中就有數千億的細胞。」

計算等價性原理

史蒂芬・沃爾夫勒姆（Stephen Wolfram）有「科學天才」之稱的物理學家、數學家、軟體工程師和商人，被廣泛的認為是當今科學和計算技術中，最重要的革新者之一。是計算型知識引擎「阿爾法」的發明者，該搜尋引擎剛一問世，便被稱為「谷歌殺手」。有科學家說，他是 300 年來最接近牛頓的一個科學天才。1988 年，他的 Mathematica 軟體第一版發佈，這個軟體迅速成為科學界在進行高級計算時的有力工具。這種售價幾千美元的軟體在全球銷售了幾十萬份，沃爾夫勒姆不僅是一個科學家，也是一個成功的商人。

2002 年，沃爾夫勒姆自費出版了一本 1200 頁的名為《一種新科學》的書，書中他提出細胞自動機的思想。他認為簡單的程式能生成如此複雜的行為，正意味著我們宇宙的本質：就是計算，就是一套**由簡單的規則生成為複雜的現象**。

在 2002 年 5 月 14 日發行之後的一個星期裡，初版五萬冊就全部銷售一空。在網上書店「亞馬遜」的排行榜上，其銷量一度高居榜首，成為 2002 年夏天最暢銷的書。該書引起了媒體和專家們的廣泛注意，出版後的六個月內，就有近 200 篇關於該書和該書作者的評述。

在書中他提出了「計算等價性原理」（The Principle of Computational Equivalence），他認為宇宙許多非常複雜的系統，如大腦、宇宙、國家社會系統、蟻群等，都已經達到了複雜性的極限，但是它們的複雜度卻是相同的，而這種現象的主要原因，就是所有達到複雜性極限的系統都是從一個最簡單的系統出發：細胞自動機。

他認為依據「計算等價性原理」，假如宇宙中所有的活動、現象、數

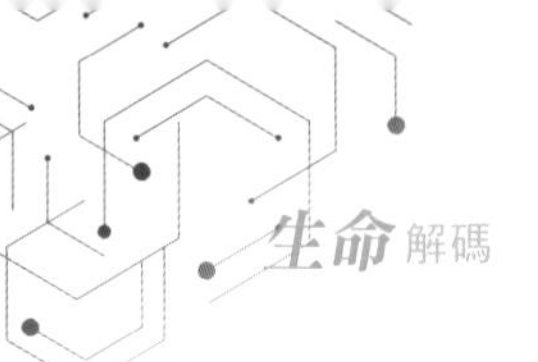

據，都是可計算的，而且複雜度的極限都是相同的，那麼就可認定：「宇宙就是一台計算機。」

簡單的說就是：人類運用宇宙法則來設計電腦原理，再用電腦原理設計 3D 動畫、模擬宇宙形成、模擬意識演化、人工智慧及最近最熱門的 VR（虛擬實境）等等，既然複雜度的極限及道理是相通，那麼就可以表明宇宙是用「電腦程序」的方式在運行著。

他同時表示：宇宙會產生不可預測的未來，是因為變數太多，但是假如宇宙的電腦容量及記憶體夠大，把所有的變數都涵蓋進去，那麼一切都可以準確預測。

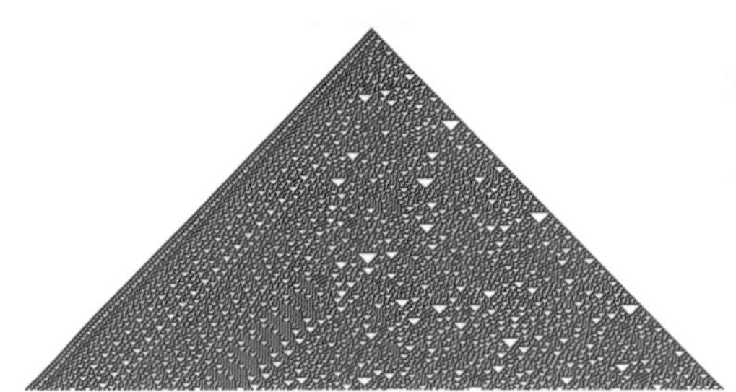

▲ 圖 2.13　左圖是史蒂芬・沃爾夫勒姆的細胞自動機，經過 250 次迭代的圖案，神似右圖的織錦芋螺的花紋（圖片來原：史蒂芬・沃爾夫勒姆的《一種新科學》）

細胞自動機的理論，說明宇宙的萬事萬物都是經由宇宙電腦的數學方程式計算而來，是一種由「原始混沌的簡單型態」演變成「千變萬化的複雜文明」的過程。這個過程稱為「混沌理論」。科學的說法是：在一個能被數學方程式精確描述的系統中，可以自組織性生成不可預測且複雜的現象，並且不需要任何外界的干預，稱為混沌理論。所以說：生命活動的進化就是一種混沌理論過程。

分形理論

1978年，美國波音公司的洛倫・卡本特（Loren Carpenter）想在電腦螢幕上，畫出一座飛機飛越喜馬拉雅山脈的連續動畫，但那時的電腦技術幾乎是不可能完成。就在一籌莫展的時候，一次逛書店看到一本奇書給了他靈感。該書認為自然界的山水、雲彩及閃電儘管尺度及細節千差萬別，但都有一致的數學非幾何描述。這個靈感讓他設計出一個新的畫圖程式：「既然山脈每個面都是平面，也可看成是一種相同三角形的累加。如果運用電腦指令，把三角形的數學邏輯公式進行不斷的重覆計算，那麼就應該能在電腦螢幕上自動生成三維立體的山脈。」

三天後，卡本特匆忙趕去辦公室，當他看到史無前例的動畫逼真山脈，成功的在電腦螢幕上自動生成時，卡本特回憶說：「我完全被嚇呆了，歷史在這刻誕生了。」憑藉著鍵盤和滑鼠，卡本特第一次扮演著創世者的角色。

借著這次靈感，卡本特開創了動畫特效製作的新紀元。不久，卡本特加入了他夢寐以求的盧卡斯影視公司，並在《星際迷航 2：可汗之怒》中，創造了一個完整的星球。

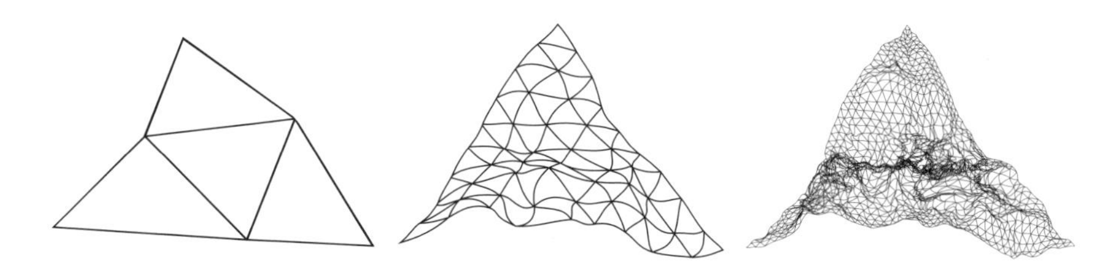

▲ 圖 2.14　山脈的電腦動畫生成過程

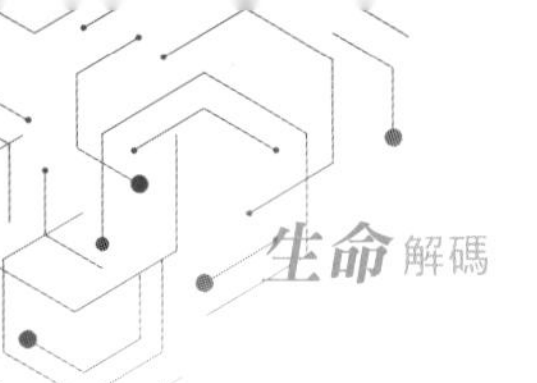

而給予卡本特靈感的那本書叫做《FRACTALS》，該書作者是波蘭裔法國籍的數學家本華・曼德博（Benoit Mandelbrot），FRACTALS 是當時在 IBM 工作但沒有什麼名氣的曼德博所創造的一個詞彙，來自拉丁文 frāctus，有「零碎」、「破裂」之意，直譯為「分形」。而這個不知名的數學家，後來就憑藉著分形理論享譽全球，1993 年榮獲沃爾夫物理學獎，並成為美國國家科學院院士。

分形理論用數學專業來解釋是很難懂的，我就用簡單的結論來說明：

簡單的圖形，是用數學方程式經一次計算得來的，稱為幾何圖形。

複雜不規則的非幾何圖形，是用數學方程式經不斷重複與反饋計算得來的，稱為分形幾何圖形。總之，我們所看到的物質世界，不管多麼的複雜，都可以用簡單的數學方程式經由電腦計算生成的，就像電影 3D 動畫一樣，差別只在解析度不同而已。

分形主要就是他們的自相似性，分形可以看成是由許多與自己一模一樣但大小不等的部分所組成。這種概念跟全像宇宙投影理論的「宇宙是一個不可分割且各部分之間都緊密關聯的整體，任何一部分都包含整體資訊」的概念是一樣的，全像宇宙投影相片不管你怎麼撕掉另一半，剩下的部分永遠是投影出整個全部的三維影像。

分形具有無限多的層次，無論在分形的那個層次，總能看到更小的下一層次或是更大的上一層次的相似圖形，並且分形圖形有無限的枝節，可以不斷縮小或放大，永遠都有相同結構。

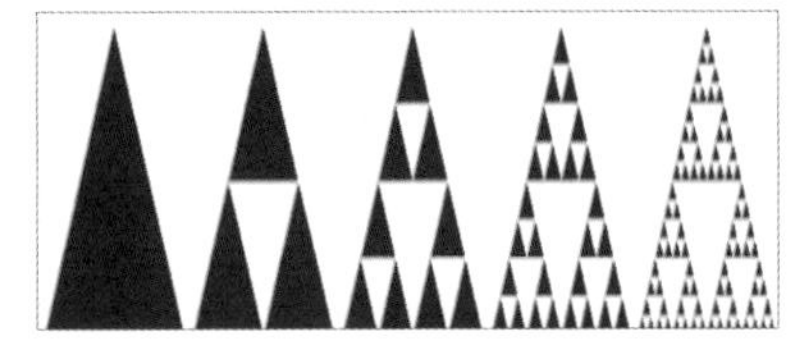
▲ 圖 2.15　自相似性的分形圖形（圖片來源：維基百科）

事實上，自然界都是分形圖形，如：山川、浮雲、海岸、粒子的布朗運動、樹形、花菜、肺部結構、大腦結構等，曼德博把這些部分與整體以無限相似的圖形稱為分形圖形。

有名的分形圖形：

●1883 年，德國數學家康托爾的【康托爾集】分形圖形：

（圖片來源：百度百科）

●1904年，瑞典數學家海裡格・馮・科赫（Helge von Koch）的【科赫雪花曲線】：

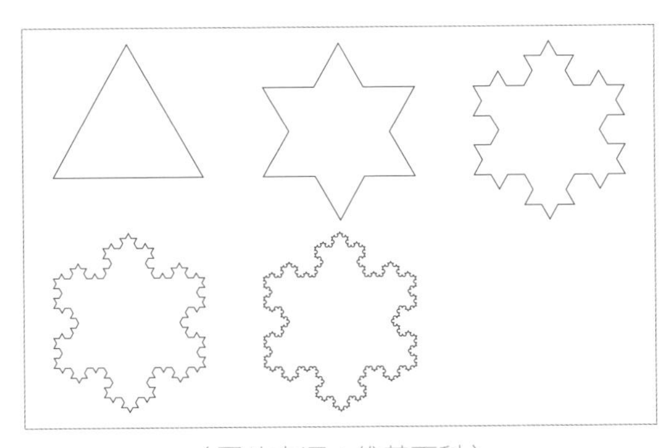

（圖片來源：維基百科）

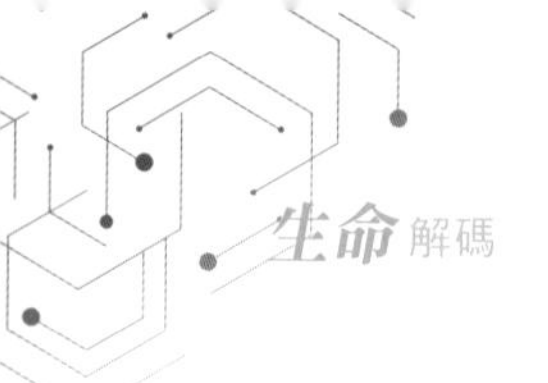

●【曼德博集合】分形圖形：

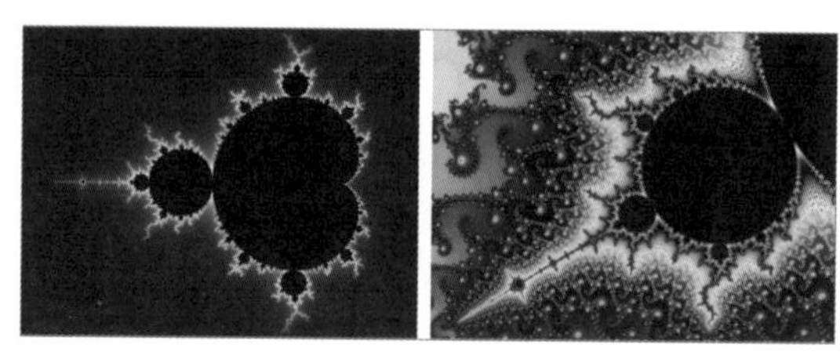
（圖片來源：維基百科）

接著來談曼德博的故事。

曼德博大學畢業之後原先在大學裡當老師，後來去 IBM 上班。有次他將電話線傳輸電腦資料過程中發生的噪音繪製成圖像後，忽然發現：無論是截取多少時間長度的噪音圖像，一天、一小時，甚至一秒，截得的圖像都極為相似！這時，曼德博就聯想到了康托爾集合和科赫雪花曲線的自我相似及重複的圖形，他覺得這些巧合絕非偶然。所以曼德博開始借助 IBM 的電腦研究分形圖形，其中又以「茱麗葉集合」的研究最有名。這個數集是由 17 世紀的法國數學家加斯頓・茱麗葉（Gaston Julia）所提出的，當年茱麗葉沒有電腦可以做重覆計算，但是曼德博有 IBM 電腦。

當曼德博將茱麗葉集合的簡單數學公式 $fc(z)=z^2+c$，交由電腦迭代計算並生成「茱麗葉集合」圖形時，把曼德博嚇了一跳，竟然生成的分形圖形，無論你截取哪個區域，你會發現永遠是重複出現的相似圖形，就算是放大或是縮小，總是相似，而且還可以無限延伸。這一刻，曼德博終於找到上帝創造宇宙的秘密了，而我們對「山重水複」一詞也有了新的理解。

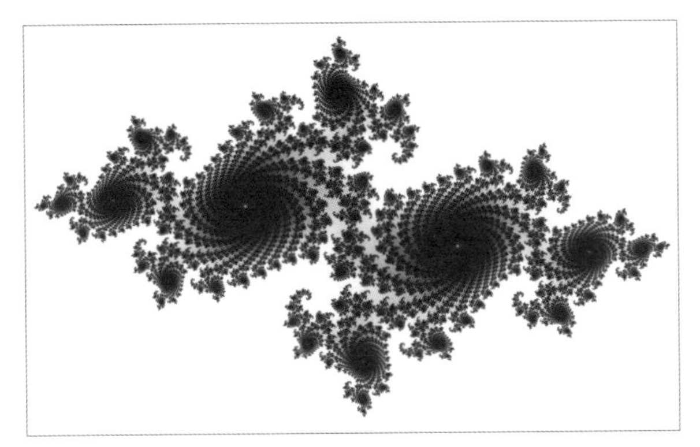

▲ 圖 2.16 「茱麗葉集合」分形圖形
（圖片來源：維基百科）

▲ 圖 2.17 分形圖形電腦迭代過程
（圖片來源：張天蓉科學網博客）

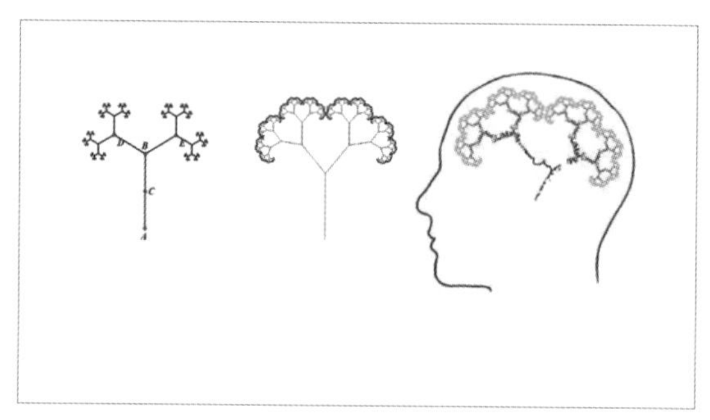

▲ 圖 2.18　大腦的結構就是一種分形圖形
（圖片來源：網路）

▲ 圖 2.19　羅馬花椰菜的分形圖形

現在我們終於明白，由自然界及天空的星球所組成的物質世界是怎麼被創造的。那是由一塊塊分形的碎片，透過數學方程式累積循環計算生成的，**其實我們這個世界所有的一舉一動都跟電腦裡的 3D 動畫是一模一樣的**，而在了解分形理論後，相信各位應該知道意識是如何創造宇宙的吧！

CHAPTER 14

不斷回應的過程：反饋程式

停止奮鬥
生命也就停止了
——托・卡萊爾

反饋程式

反饋，就是把系統的輸出值再反過來給系統作為下一次的輸入值。

從自然界到金融界，均存在著反饋現象。

例如將麥克風放在揚聲器的旁邊，就會引起正反饋。麥克風覺察到室內微小的聲響，並將之傳給音響系統，聲音被放大後，通過揚聲器放出來。然後，麥克風又會把更響的聲音重新傳回音響系統，用不了多長時間，聲音就會震耳欲聾。

反饋會放大效果。

再如金融界的銀行複利定存及存款準備金。前者不斷重複計算，後者不斷重複存款貸款再存款，經過幾次循環反饋後，一塊錢就會變成更多錢，這種反饋現象稱為貨幣乘數效應，就是一種反饋模式。

所以系統不斷的循環反饋，就會產生乘數放大效果。

當複雜度不斷放大後，並且事物本身既是原因也是結果，漸漸的就會讓最簡單的確定性公式最後演變出最複雜的不確定結果，當再加入外在環境的隨機因素後，未來就變得更難以掌握與不可預測。

股市就是混沌理論的最佳代表作，成熟股市的股價永遠是無法預測與掌握，想要人為控制股價的代價就是破產或是因內線交易而坐牢。

當不確定性充滿整個系統時，才會誘發我們不斷的去做各種不同的大量嘗試，並在經由大量的失敗後，才會有極少數真正成功的創新者存活下來，然後帶領追隨者，往更新穎更進步的創新領域，快速的發展與茁壯。

允許不確定，允許大量嘗試錯誤及積極吸取創新知識與經驗，才能推動創新的產生，進而完成混沌理論的設計目的：這是一種不斷超越自我及學習的進化過程。這種內在意識的進化才是真正的進化論，顯然跟達爾文毫無根據的物種突變的進化論假說，是有很大的差異。

反饋程式還有一個很重要的意義，那就是「**選擇後的前因後果**」。系統會自動依據前面累積的歷史資訊，取機率最大的有利方案，自動做為系統下一次的輸入值，也就是系統在嘗試幾次以後，會記取最有利的歷史經驗自動當成下次選擇的輸入值，這就是前因後果的物理解釋。

不可預測的主要因素：內在的選擇與外在的隨機無常

在這裡總結「意識創造宇宙」的基本流程：

①先持續接收外在環境的新資訊，暫存在左腦。

②開始回應新問題，如何面對？如何預測？經右腦去宇宙數據庫讀取歷史資訊。

③選擇：選定最有利的方案，取機率最高的前因後果。

④產生新念頭、新想法。

⑤依據新念頭，宇宙電腦計算後 ，產生新物質世界（人事物）。

⑥新物質世界以能量形式儲存在宇宙數據庫，並投影至右腦，再經左腦轉成語言。

⑦反饋系統，進入下一個循環。

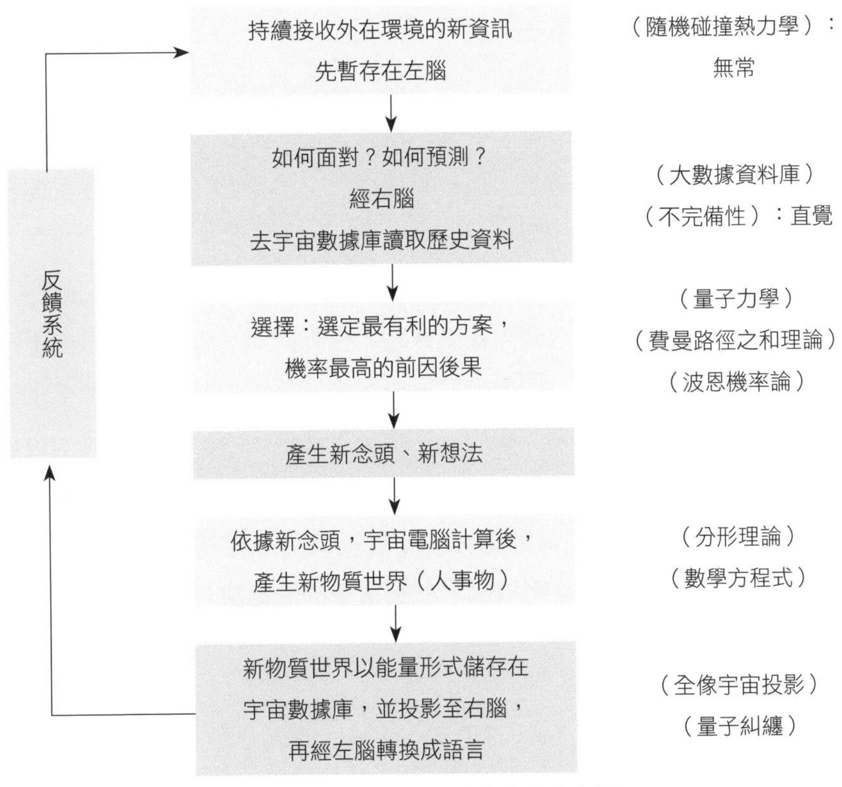

▲圖 2.20 意識創造宇宙的流程圖

綜觀整個流程，都是建立在數學方程式之上，尤其是機率學，不管是熱力學、量子力學、分形理論或是貝葉斯理論與馬爾可夫過程，都是統計

數學。**人生就是機率統計的過程**。美國物理學家馬里奧・利維奧（Mario Livio）就寫了一本書《上帝是數學家嗎？》，美國瑞典籍物理學家邁克斯泰・格馬克曾說：「從某種意義上來說，我們的存在並不只是被數學所描述，它本身就是數學。並且它不僅某些方面是數學，它的全部都是數學，包括你在內。」

事實上，宇宙是數學寫出來的。

但是整個「意識創造宇宙」的基本流程，假如只是單純的數學重複及反饋的計算過程，我們應該是可以輕易抓住未來的脈動，那為什麼混沌理論還是會變得如此不可預測呢？

那是因為加入了兩個未知的變動因素：眾多意識的不同想法、外在環境的隨機變化。因此，把兩個內在與外在的變動因素，經由宇宙電腦不斷重複計算的乘數放大後，一切就自然變得又複雜又不可預測，就像在宇宙中，我們是找不到幾乎一模一樣的人事物，這就是人生的基本軌跡，也是進化的主要特徵。而這種過程就是「選擇後的前因後果」，而不是單純的「前因後果」，因為是**「生命的選擇」才把萬事萬物變得這麼複雜，這麼迷人。而回應不可預測的挑戰機制，就是數學的機率論。**

所以說——

人生沒有對與錯，只有因與果。

生命重點不是命中注定，而是前因後果選擇後的反省、記取新教訓及改變。

沒有好與壞，只有面對與選擇，然後在過程中成長了多與少。

生命就是一種不斷回應的過程！

CHAPTER 15

宇宙就是一個資訊世界

人們曾經以採集食物為生
而如今他們要重新以採集資訊為生
儘管這件事看起來很不可思議
——馬歇爾・麥克盧漢

宇宙真相彙總二：宇宙基本設計原理就是熵vs資訊熵

1943 年，正當第二次世界大戰之際，兩位偉大的資訊論之父克勞德・艾爾伍德・香農（Claude Elwood Shannon）與人工智慧之父阿蘭・圖靈，經常在貝爾實驗室餐廳共進午餐。兩人討論的只跟邏輯學有關，後來，在 1948 年，32 歲的香農發表《通訊的數學理論》，該篇文章宣告了「資訊論」的創立，也被稱為是「數位時代的藍圖」。資訊論現已被廣泛應用於量子計算、傳播學、統計、語言處理、加密、神經生物學、生態學、熱物理學、網路通信等領域。

1940 年代，在貝爾實驗室裡，你會經常看到一個正一邊騎獨輪車及一邊拋接 4 個球的帥氣男人身影，穿梭在各地。香農一生幾乎都在貝爾實驗室和麻省理工學院度過的。香農的資訊論整合了資訊與不確定性、熵及混沌理論，資訊論的創立催生了後來的電腦和網路、摩爾定律和如今發達的資訊產業。

香農在他的理論當中，提出了一個很重要的觀念：資訊熵。

在熱力學的領域中，「熵」代表混亂程度，而香農的「資訊熵」則代表不確定性程度，也就是在一個封閉系統裡，想要更有秩序，就需要更多資訊，一旦資訊增加，不確定性就降低，也就是資訊熵減少。現在把資訊論的資訊熵與熱力學的熵整合後，你會發現，宇宙的基本設計原理就是資訊熵與熵二股力量的結合與對抗。

像我們要記住一個英文單字，就是一種從無序到有序的過程，但這是違反熱力學第二定律的熵增（趨向混亂）不可逆過程。不過那個過程是指封閉系統，如果從外界注入新能量，那還是吻合熱力學定律。所以為了記住英文單字，我們必須進食來供應能量給大腦，而大腦使用這些能量時並不是完全利用，總有一部分被轉換成了熱量，隨後被我們身體排出去，於是宇宙中的熵增加了。而此時記住英文單字是一種有序的增加，也是一種不確定的減少，也就是資訊熵的減少。因此，意識在產生物質世界（添加資訊）的時候，就必須供應能量給意識，最後就會造成兩股力量：外在環境的熵增及內在宇宙數據庫資訊增加的資訊熵減少。

宇宙大爆炸後，總能量是不變的，但是會從有效能能量走向無效能能量（譬如不可再生的垃圾、熱量等）的路徑，而且是不可逆的，這也是時間無法倒轉的唯一解釋。譬如完整玻璃杯可以掉到地上破碎，但破碎玻璃杯是無法恢復成完整玻璃杯。所以一個封閉系統，如果沒有外來新能量加入，它的未來命運是走向混亂、無序及不確定狀態，直到死寂為止。這個過程稱為「熵增」。科學家預測，當所有有效能能量變成無效能能量時，

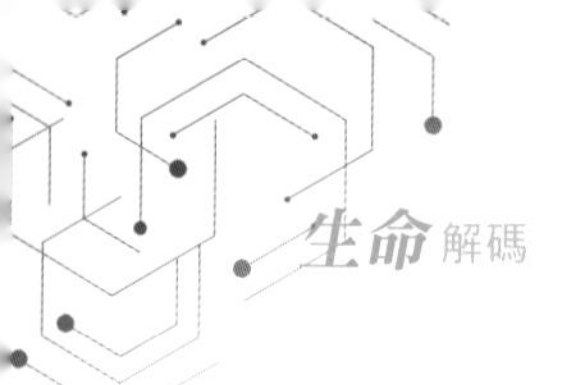

宇宙就不再有生命的跡象，一片死寂。

但這個走向混亂無秩序的過程，其實是有一個主要目的：那就是提供能量給生命意識創造「資訊」，這個過程稱為「負熵」，也就是資訊熵的減少，也就是不確定性的減少，也就是走上規律有序的過程。當一個封閉系統需要維持更文明、更有秩序及更明確的狀態，就必須加入更多的資訊。譬如你想要不斷的成長進步，那就必須經常讀書及大量吸收新資訊，同時大腦也要多消耗很多有效能能量。感情與婚姻也一樣，如果不經常加入新能量及新資訊，必然走向混亂冷淡之路。企業也是，老是堅守舊觀念及缺乏新血輪加入，很快就會被淘汰。這是物理定律。

宇宙中資訊與熵之間的戰爭是永恆的戰爭，如果沒有資訊量的增長，我們將陷入持續的無序和混亂之中。

也就是說，從宇宙的起源到現在的現代經濟，這包含了物理、生物、社會和經濟學的「增長率」，其實是指資訊的累積和我們對於資訊的處理能力。資訊的增長統一了生活和經濟的增長、多樣化和財富的產生。掌握新知識的資訊就掌握新財富。

混沌世界是資訊少及有效能能量多，演化到高度複雜文明時代則是資訊多及有效能能量變少，這就是人類的進化過程。古代人沒有文字，只好用鼓聲來傳遞資訊，但速度慢又容易丟失大量訊息。但人類在經過文字、印刷術、電話及互聯網等的持續發明後，最終憑一股資訊的大洪流，將人類一舉帶到最高度文明的繁榮時代，這一切都跟資訊息息相關。

人類終極的任務就是資訊的創造、儲存、複製及運用。在另一空間的宇宙數據庫就是人類的總智慧結晶。

所以，熱力學的熵增與資訊論的資訊熵減兩種理論的整合，就是混沌理論的基本架構。宇宙是為了意識而設計的，所有有效能能量（類似電腦的電源）的產生，如太陽光、食物及能源，都是為了提供能量給意識產生物質世界而設計的。所謂文明的進化，就是一種有效能能量換取資訊的過程，當資訊越多，不確定性就越低，社會就越有規律與秩序，這種從原始蠻荒社會進步到複雜文明社會的過程，就是混沌理論。

宇宙的真相就是意識創造宇宙，更是意識創造資訊。

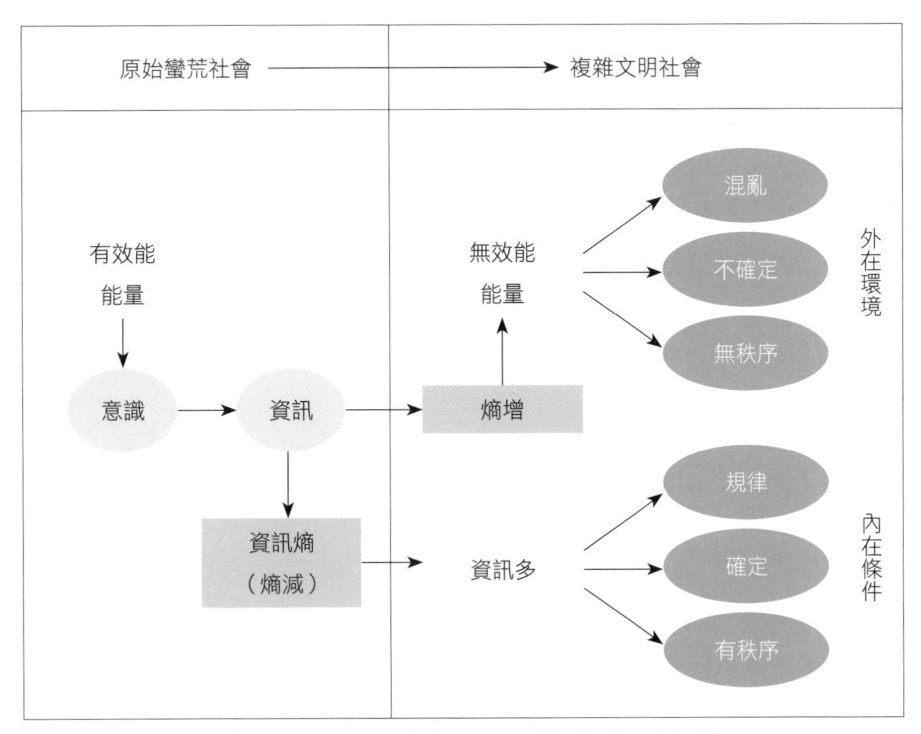

▲ 圖 2.21　宇宙基本設計原理就是熵增 vs 資訊熵

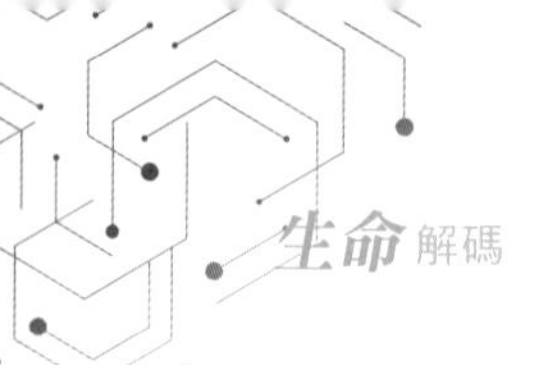

宇宙的本質就是資訊

宇宙雖然是由物質、能量及資訊三個元素所構成，但真正描述宇宙萬事萬物只有資訊這一元素。每個靈魂在宇宙數據庫裡都有一個自己的資料夾，裡面儲存了該靈魂從創世紀以來由**意識**產生的萬事萬物**資訊碼（經驗值）**，人會有差異性，就是資訊碼的排列組合與數量不同所造成，這些資訊碼投影到現實世界裡，就是細胞裡的 RNA 及 DNA。

麻省理工學院媒體實驗室宏觀聯繫研究團隊主管，知名物理學家，塞薩爾・伊達爾戈（César Hidalgo），在其《增長的本質》一書中，就拿超級跑車做例子，來解釋資訊的內涵：一輛標價超過 250 萬美元的布加迪威龍，不小心撞壞，儘管人毫髮無傷，但由於沒有車險，變成一堆廢鐵的布加迪威龍，它的價值在撞壞的一剎那，雖然它的重量沒有改變，組成元素也沒有少，那為什麼車的價值會消散呢？原因並不是車禍破壞了汽車零件的原子結構，而是破壞了零件的排列順序。也就是說，布加迪威龍 250 萬美元的價值是在於零件的排列組合，而不是零件本身。這些排列組合就是資訊。

物質只是一種投影，所以無法量子化，能量可以量子化，是因為能量的本質是資訊，能量只是資訊碼的載體。現在回過頭來看，人們所了解的所有事物、現象、行為，都是資訊的體現。量子糾纏就是資訊的傳遞與交換，力的相互作用是資訊，能量的相互轉換也是資訊，人們的知識、思想、關係也都是資訊，我們是被資訊涵蓋著，也許我們的世界就是一個資訊世界。

意識不停的產生物質世界的資訊並添加在宇宙數據庫裡，生命不停的蒐集及處理資訊以回應陌生環境的挑戰，人類不停閱讀、學習及通過社交活動來累積資訊。這一切你會發現生命的核心是資訊，人類唯一的任務就是對經驗值資訊的創造、儲存、複製、傳送、分享及運用。人類從混沌原始時代一路發展到高度文明時代，就是依賴「資訊」不斷的累積增長及充分運用。當你活在原始蠻荒時代或是 21 世紀的現代，你身處的環境的物質性質，事實上並沒有多大的改變，原子結構還是一樣，差別的是物質的排列組合不一樣了，也就是資訊不一樣。但只有資訊還不夠，為了實現有意義資訊的有效增長，還必須加入分析計算能力，因此物理學家認為生命可以被視為一種計算過程──它的目標就是最大化的實現有意義資訊的儲存和利用，事實上，這正是生物體最擅長的事情。

英國著名的物理學家保羅・戴維斯及約翰・格里賓，在他們的《物質的神話》一書中就指出：「傳統的、機械的“物質主義”的神話破滅了，取而代之的是一種新的規範、新的物質觀：世界不是一台由前定的連續統物理定律決定的大機器，而更像是一個巨大的資訊處理系統，天地萬象的每個粒子、每個力場、甚至時空本身，最終都通過資訊呈現在我們面前。」

傅立葉變換

宇宙是由數學創造出來的理論，除了分形理論外，還有一個在工程界、通信界、數學界、物理界及資訊界非常有名的數學方程式：傅立葉變換。我們日常的照片修圖及檔案壓縮，都是運用到傅立葉變換，它在日常生活中的應用範圍是很廣泛的。雖然廣泛應用，但是解釋起來是很困難的，不過它也是一種描述宇宙的數學公式。

傅立葉是出生於法國的一名浪漫數學家，他不像其他學者死抓著純數學研究，而是專注於將數學應用在實務上。這種理念與當時的學術潮流格格不入，幸虧超級熱愛科學的拿破崙皇帝（他有能力不是成為皇帝就是牛頓）極為欣賞他。不久，1798 年傅立葉就以科學顧問的身分隨拿破崙軍隊遠征埃及，並被任命為下埃及的總督，拿破崙遠征軍隊失敗後，回國被任命為省長。

回國後的傅立葉，除了當官，也從未放下學術工作。1811 年，傅立葉向科學院提交二次修改過後的文章《熱的傳播》，該篇文章也為傅立葉獲得了科學院大獎。

如圖 2-22，左邊是圓，右邊是正弦波。

物質世界是不同能量形式的投影，能量是波，能量的基本元素就是正弦波，不同大小的正弦波的混合排列組合，就是不同的能量形式，因此，物質世界最終也可以說是由不同大小的正弦波所排列組成的。

波的反比就是頻率，所以能量既是波也是一種頻率，而正弦波其實就是一個旋轉的圓在直線上的投影。

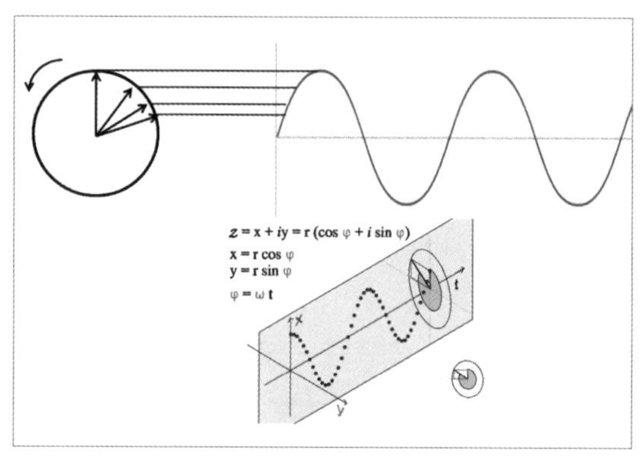

▲圖 2.22　正弦波就是一個旋轉的圓在直線上的投影（圖片來源：維基百科）

我們這個物質世界都是由不斷振動的能量波所組成，如果把看到的影像及聽到的音頻轉換成隨時間變化的振動頻率，就會變成圖 2.23 一段不規則曲線的雜亂振動頻率。

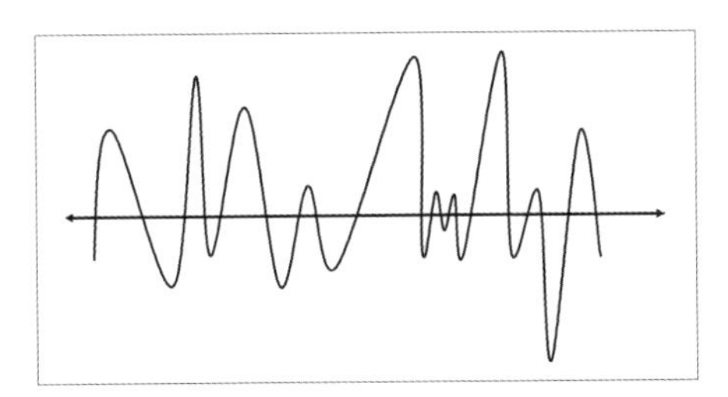

▲ 圖 2.23　我們看到及聽到的世界，都是不規則的雜亂頻率

現在如果透過傅立葉變換，就可以把這段不規則的曲線，轉換成各種大小不一的正弦波組合。譬如說這段視頻或是音頻，是由 4 個 1 號正弦波、3 個 2 號正弦波、6 個 3 號正弦波所組成的。這時，本來毫無規則的曲線，經過傅立葉變換，就變成有規則有秩序的正弦波排列組合。

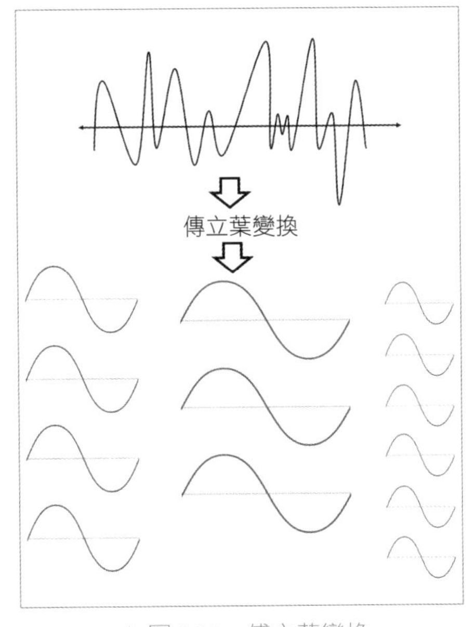

▲ 圖 2.24　傅立葉變換

現在，總結一下：

1. 我們看到及聽到的現實世界，都是由不同頻率的弦波所組成。

2. 而所有弦波的基本元素，就是正弦波，也就是弦理論的一維振動弦。

3. 所有不規則的弦波，都可以經由傅立葉公式轉換成規則性的正弦波組合。

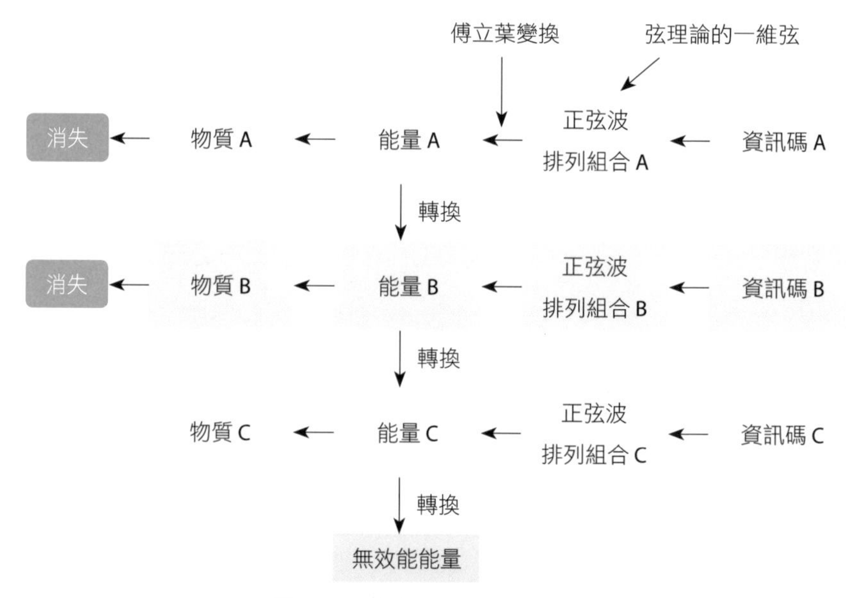

▲ 圖 2.25　物質、能量及資訊關係圖

傅立葉變換的原理就跟分形理論一樣：你眼中看似變化無常的世界，其實背後都是由很簡單的能量正弦波所組合而成。

我們看到及聽到的世界都是由宇宙電腦根據數學方程式創造出來的，同樣道理，我們也可以經由傅立葉變換，將我們這個世界的一切，轉換成有規律、可分辨、有意義及可計算的數據組合。

經過傅立葉變換後，我們就可以對這些圖像及音樂旋律進行加工與處理，它的應用範圍是非常廣泛的。

正弦波可以分成高頻及低頻兩種，高頻是屬於噪音及影像不好的頻率，而低頻是屬於優質的正弦波。把高頻信號剔除後壓縮的音樂檔就會變得更好聽，音質更美。把臉上的痘痘，用修圖軟體的濾波器減弱這個高頻信號後，美女的痘痘就不見了。同樣道理，人類的一場修行之旅，就跟音樂壓縮檔及美女修圖一樣，需要不斷的把自己修的更柔軟更慈悲，而這就是一種剔除或減弱高頻信號的人生旅程。

複雜混亂的物質世界都是由許多大小不一的正弦波所組成，而正弦波又是旋轉的圓在直線上的投影。圓的旋轉就像一個齒輪，大小不一的齒輪相互牽動的投影，就形成千變萬化的複雜世界，而我們在螢幕舞台前賣力的演出，看起來有點像「數位魁儡」在演皮影戲，但這一切，其實都是由舞台後的數學規律在操控著。

看來宇宙確實是由數學在操控著。

人工智慧與生命意識的未來走向

宇宙法則只有一套，易經、道德經、山海經、聖經、佛經、可蘭經、柏拉圖、亞里斯多德、康德、相對論、量子力學、混沌理論等，對於宇宙與生命的解釋及看法都是正確的，都是宇宙真理，只是闡述的層面不一樣而已。宇宙法則不僅可以沿用還可以複製，宇宙電腦創造生命意識，生命意識創造量子力學，量子力學創造電腦，電腦創造人工智慧，電腦創造模擬宇宙等等。

人類創造人工智慧也許只是一個中繼站，等到人工智慧的整體機能可以完善及完備到接近人類，那麼人類終極目標的「意識永生」的時代就會來臨，這才是人類真正的企圖與野心。屆時，人類可以模擬一個巨大的網路電腦世界，然後將人的今生意識上傳到數據庫裡。如果技術可行，那就連帶自己在宇宙數據庫裡的累世資訊一併讀取上傳，甚至，如果還可以買一些宇宙數據庫裡的好資訊基因一併上傳，那就更棒，像籃球大帝喬丹、

畢卡索、賈伯斯等人。不過，想要意識永生，最重要還是要找一個口碑好且品質穩定的網路公司，能信譽保證讓這個網路電腦世界永續經營，免得經營不善造成關機，那就得不償失。

像用人體冷凍法來實現生命永生的做法，根本是沒用的。**生命意識的兩個重要資訊，一個是累世資訊，那是儲存在宇宙數據庫裡，一個是今生資訊，這是儲存在左腦，只是一個緩衝記憶區，容量有限，人一死，裡面的資訊跟著消失，今生重要的資訊，早已透過右腦轉存在宇宙數據庫裡。**所以冷凍一個今生資訊全無的身體，是白白浪費昂貴的錢而已，只有今生意識上傳，才能解決意識永生的企圖心。物質是不真實也無法永遠存在，能量是不真實但可以永遠存在，只有資訊是真實又可以永遠存在，所以意識永生指的是資訊永生。

未來學家認為，意識上傳是一個未來重要的生命延續概念。

特斯拉汽車和太空科技公司 SpaceX 創始人馬斯克（Elon Musk）經常有引領風騷的瘋狂想法，並且還真的說到做到，這次他的創業之作是大腦科學領域中的「腦機介面」應用產品。

據華爾街日報 2017 年 3 月 27 日報導，馬斯克併購了一家名為“Neuralink”的新公司，並且擔任公司的新任 CEO，他很有信心的計畫最早在 4 年內讓產品上市。新公司將專注於人類大腦連接到電腦的技術，這種技術是運用「神經織網」（neural lace）的概念：就是用外科手術將人類大腦與電腦連接，讓人類不用鍵盤或滑鼠而是用神經光纖連接，就能讓大腦與電腦進行互動。根據馬斯克的構想，**未來人類可以直接上傳和下載自己的「意識」**。

馬斯克的構想並非突發奇想，近年來，電腦與人腦連接的「腦機介面」（Brain-Computer Interface，BCI）技術早已成功應用於醫學及遊戲娛樂等領域，尤其是醫學方面，如修復神經損傷、治療癲癇或重度抑鬱症、控制義肢、人工耳蝸等應用。

美國科技作家邁克・克洛斯特（Michael Chorost）於 2011 年出版的《人腦互聯——即將到來的人性、機器和互聯網的整合》一書中，寫到：**三十年後，每個人的大腦都成為一個終端機，和別的大腦以高速網絡相連**。以後人類就不用手寫或手敲鍵盤，直接用腦寫，然後也不用手機 line 來 line 去，而是「腦來腦去」。如果眼鏡或是隱形眼鏡裝上照相裝置並且與人腦無線傳輸，那麼眼睛一眨，立刻可以把照片傳輸到臉書上。甚至還可以植入大數據的預測軟體，眼睛一接收到影像，立刻去數據庫快速挖掘相關的經驗數據並加以歸納演算，然後再回傳最有利的方案供我們判斷。以後每個人都可以變成籃球大帝喬丹，變成圍棋高手，簡直就變成智人或是神人。

宇宙法則只有一套，所以人工智慧的設計跟人類的「意識創造宇宙」的活動程序，應該是相同的。唯一的差別就是，人類是唯心論，而人工智慧是唯物論，人類是活在自己創造的物質世界裡，而人工智慧是活在人類創造的物質世界。因此，混沌理論的五大模塊，除了「創造新的宇宙畫面」，人工智慧不需要以外，其他都是一樣的電腦程序：

●外在新資訊的輸入：隨機碰撞的熱力學。

●內在宇宙數據庫的歷史經驗值讀取：不完備性、大數據及右腦理論。

●意識新念頭（新想法）的產生：量子力學的不確定性及費曼的路徑之和、波恩機率論的貝葉斯及馬爾可夫過程。

●創造新的宇宙畫面（物質世界）：分形理論。（人工智慧不需要。）

●不斷回應的過程：反饋程式。

外在新資訊的輸入：

人類是依賴五覺（視聽觸味嗅）來接收新資訊，而人工智慧方面，在相對應的技術中，目前正在發展也比較成熟的有計算機視覺、語音識別、自然語言處理等深度學習技術。因為電腦是沒辦法直接計算處理圖像及音頻，所以這些技術主要是把人工智慧所看到及聽到的影片、圖片、文字檔、表格檔及音頻等等轉換成電腦可以計算處理的數據。

在觸覺的神經系統方面，則是應用在汽車設計開發上，把電腦的電子神經傳輸裝置，安裝在車子的外部，當汽車在路面行駛以後，就能蒐集到經由碰撞路面所產生的資訊，並轉換成數據，成為汽車設計大數據庫的寶貴資訊。至於嗅覺與味覺，看來人工智慧是不需要的，它只需要鋰電池不需要食物，但未來應該是應用在失去味覺及嗅覺的人類身上。至於潛意識部分，其實包括 Google、特斯拉在內的自動駕駛汽車技術的原理就是一種潛意識技術。

內在宇宙數據庫的歷史經驗值讀取：

人類的大數據庫就是宇宙數據庫，人工智慧則是它能連接的電腦網絡數據庫。

意識新念頭（新想法）的產生：

意識新念頭的產生，其實就是一種數據挖掘（宇宙數據庫的經驗值）及尋找最佳方案演算法（貝葉斯理論）的過程。這種過程，人工智慧稱為機器深度學習。

在人工智慧的機器深度學習領域中，著墨很深的佩德羅・多明戈斯（Pedro Domingos），是全美前十大電腦工程名校華盛頓大學的計算機科學教授，美國人工智慧協會院士（AAAI Fellow，國際人工智慧界的最高榮譽），榮獲 SIGKDD 創新大獎（數據科學領域的最高獎項），在其《終極算法—機器學習和人工智能如何重塑世界》一書中，他就指出，機器深度學習有五大思想學派，每個學派都有主要的演算法，能幫助我們回應新問題：

① 符號學派：休謨的歸納問題

將學習看作逆向演繹，從哲學、心理學和邏輯學中取得概念。

② 連結學派：大腦如何學習

對人腦進行逆向分析，是受到神經科學和物理學的啟發。

③ 進化學派：自然的學習算法

在電腦上模擬進化，徹底運用遺傳學和進化生物學理論。

④ 貝葉斯學派：在貝葉斯教堂裡

相信學習是機率推理的形式，理論根基是統計學。

⑤ 類推學派：像什麼就是什麼

通過對相似度判斷進行外推學習，是受到心理學和數學的影響。

多明戈斯最後認為，如果有人可以成功整合這五種演算法的優點並發展出「終極演算法」的話，那麼就可以通過它從大數據中學得包括過去的、現在的及未來的所有知識。創造「終極演算法」將是科技史上最偉大的進步之一，它會加速各類知識的進步，並以人類無法想像的方式改變世界。

也許你不知道，我們周遭的日常生活早已經充滿了**機器深度學習**的影

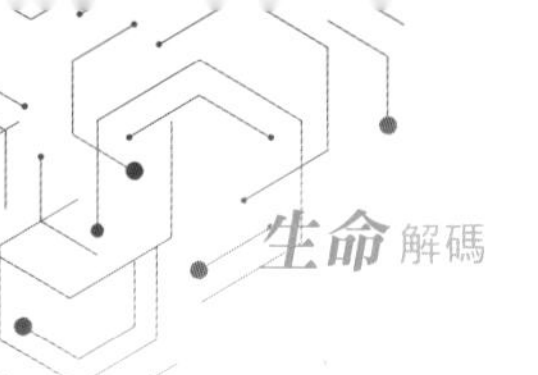

子。當你用 google 查詢資訊時，google 引擎已經幫你篩選你需要的搜索結果，它會幫你將你不想要的網頁剔除。當你聽音樂或看影片時，該網站會根據你聽過的紀錄，推薦你會喜歡的音樂或影片。當你走在大街上，想找個吃飯的地方，你就會用手機的愛評網或是 Yelp 點評或是大眾點評等來推薦一些你喜歡的餐廳。

這些便利性會讓人類越來越依賴電腦，發展到最終，機器深度學習就會開始介入你的人生，甚至還經常幫你做決定，也就是**意識產生的新念頭（新想法）是由電腦來決定，而不是大腦**。這時，**人類的大數據庫，就從宇宙數據庫慢慢移轉到電腦網絡數據庫。假如再把「**不確定性（自主選擇）**」與「**不完備性（直覺創新）**」的演算法植入人工智慧的晶片裡，那人工智慧統治人類應該是輕而易舉**。

最後人類要思考的是：這個宇宙是由唯心論的意識所創造的，未來很厲害的人工智慧生化人，是活在生命意識創造的物質世界裡，如果人類都毀滅了，這個宇宙就不存在了，那麼生化人再怎麼厲害，他也是要隨著意識的消失而消失。

人工智慧生化人是人類意識創造的，它不能把人類全消滅，至少要留下一個活口，不然的話：造物主只好重新設定及開機，再來一次宇宙大爆炸。

走完一趟「第二部分的意識創造宇宙之旅」後，我們終於了解，我們是生活在被資訊涵蓋住的宇宙裡。

從我們一出生來到這個世上，為了要面對一個陌生的環境及未知的未來，我們的大腦從小到大，整天都是在處理及回應這些新問題新資訊的產生，然後從中記取教訓及吸收經驗，並且再把這些經驗歸納成「規律」，作為下次回應新問題新資訊的決策依據，所以，**人其實就是一部小型量子(量子力學)計算機，並且是以量子糾纏與宇宙大電腦連接：**

- ★ 輸入：接收外在環境隨機無常的新問題新資訊。
- ★ 讀取：運用數據挖掘法去挖掘相關歷史經驗值（過去的物質世界畫面）。
- ★ 計算：運用決策演算法，計算出及儲存最佳方案。
- ★ 輸出：回應及體驗。

同時，宇宙的核心是資訊，能量只是一團波動，物質只是一種投影，而人是一台量子計算機。因此，**創造資訊是生命意識唯一的任務**，並儲存在另一空間的意識數據庫（宇宙數據庫）裡。**生命意識創造的資訊，心理學稱為「潛意識」，佛稱為「業」，物理學稱為「弦波」，資訊論稱為「二維資訊碼」，俗稱「經驗值」**。

獲取經驗值才是生命的真正意義，而且必須是有意義的。其他的財富值及名位值只是一種投影而已。

所謂的成長與進化，就是不斷的把有意義的資訊添加在宇宙數據庫裡。

宇宙的基本要素是**物質、能量及資訊**。
物質是能量的投影，宇宙真正存在的是能量，物質只是瞬間存在而已。
能量是不固定的且沒有形狀，必須依賴資訊來定義及表達。

因此宇宙的本質是能量，宇宙的核心是資訊。
資訊是用數學公式來表達，所以宇宙是用數學來寫的。
簡單的數學公式，經過不斷重複計算就能描繪出一個豐富多變的世界。
萬事萬物的所有選擇，都是朝最大機率的方向作用，也是數學。
那麼資訊是什麼？
就是你的起心動念所產生的行為，也就是經驗值。
你累世做的每個選擇所產生的每句話及每件事，都會儲存起來，並且永遠存在。
生命就是一種計算過程，計算什麼呢？
計算你的經驗值的前因後果，計算你添加的新經驗值，在經過反省後如何改變新想法及改變未來命運。
生命就是要改變未來的計算結果，就是不斷添加經過反省後的新經驗值，就是學習成長。
請放下既定的計算結果吧！
記取教訓，望眼未來。放下屠刀，立即成佛。

人是直覺動物，直覺的依據是：經驗範圍及進化能力。
進化能力是指想法的進化，而不是物種的進化。
經驗範圍稱為經驗值，進化能力稱為體驗值。
經驗值經過深思反省後，就變成體驗值，也就是一種學習成長的過程。
生物（動物及植物）都具有經驗值的累積與運用能力，但唯獨只有人類具有體驗值。
經驗值，也就是業力，決定現在。
而體驗值能激發創新能力，進而改變未來。
所以人類跟 AI 的決策模式是一樣的，都是透過深度學習來回應外在環境的變化與威脅，一方面用經驗值求生存與繁殖，另一面用體驗值求進化與超越自我。

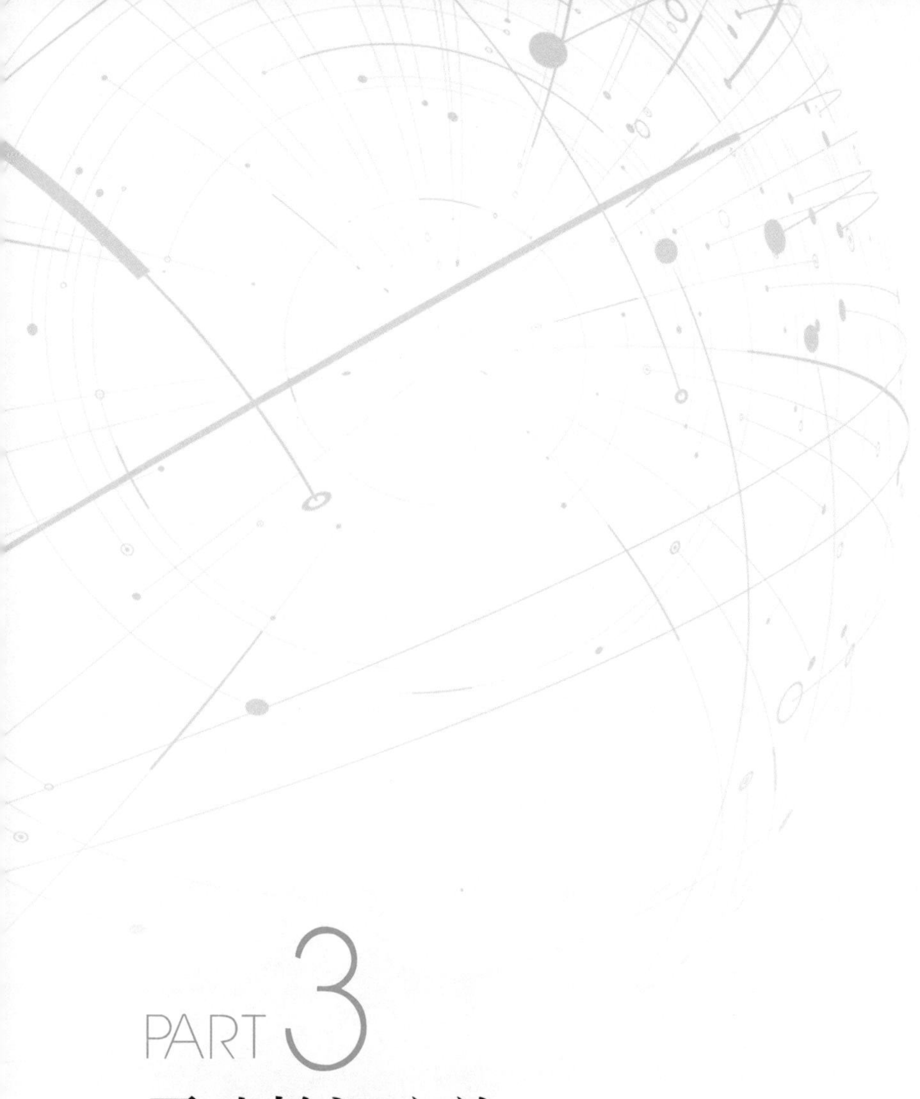

PART 3
靈魂輪迴之旅：找到生命的意義及目的

一切都是自己的安排

靈魂的命運是由靈魂自己決定

神及宇宙法則只是提供一個平台

最後還是要靠你自己的體驗及改變

CHAPTER

16

探討靈魂輪迴的科學方法

沒有靈魂輪迴就沒有生命意義
沒有生命意義就沒有信仰
沒有信仰就無法堅定信心
沒有信心就難以克服困境
那麼一切都是徒然的

能量不滅定理

十八世紀的德國，在東普魯士柯尼斯堡，有個不足五英尺的矮個子，每天午後三點半，一定會堅持在一條栽種著菩提樹的小道上散步。他非常準時且風雨無阻，市民們在與他打招呼時，總是趁機核對一下自己的鐘錶。只有一次，因為太癡迷盧梭的《愛彌兒》而忘了出門。這位生活非常有紀律的人，就是德國哲學家伊曼努爾・康德（Immanuel Kant）。

▲ 圖3.1　康德墓碑銘文

作為德國唯心論的奠基者，在

康德墓碑銘文上寫著——有兩樣東西，我們越是長久的思索，它們就越使心靈充滿與日俱增的敬畏和景仰：這就是我們頭頂的星空和心中的道德法則。

康德認為上帝存在及靈魂不死，那麼，靈魂存在嗎？

談到靈魂，量子力學應該是靈魂（意識）的最佳見證者，量子力學可說是建立在「意識」之上，簡單說，沒有意識就沒有物質，這是「電子雙縫實驗」給人們一個很震撼的實驗結果，並且從量子力學的角度，不管是全像宇宙投影理論的靈魂空間（高維度空間的宇宙數據庫），還是狄拉克之海的靈魂粒子（虛擬粒子），或是弦理論蜷縮在六維空間的弦，甚至平行宇宙，都可以證明靈魂的存在，也就是說：**靈魂存在的科學證據就是量子力學**。

量子力學的發展歷史，就是一本靈魂追尋的歷史教科書。西方哲學的柏拉圖、亞里斯多德再到康德的二元論，最終是在波耳的「波粒二元性」中得到佐證。二元論主張有精神與物質兩個世界，而波粒二元性的「基本粒子既是粒子又是波」的特性，代表基本粒子是同時具有物質及能量二個身分，而這正好是二元論的基本理論。

從純物理學的角度來看，不管是生或死，所有東西只要具有量子資訊碼，就會存在著死後世界。

前慕尼黑馬克斯普朗克物理學研究所主任漢斯-彼得・杜爾（Hans-Peter Dürr）博士就認為：我們一直在研究不存在的物質世界，在我們這個已知的世界之外，其實還存在著比物質世界大很多的真實能量世界，這表示我們是被死後的世界所涵蓋著。就算身體隨著人死了而消失，靈魂仍

然存在於精神量子空間裡，因此，我們是不朽的。

愛因斯坦的質能方程式是在補充能量不滅定理的內在涵義：物質就是能量，任何一個物質，都存在一個內涵的能量形式，當物質消失了，它的內涵能量是不能不見了，必須要轉換成另一個能量形式，否則就違反能量不滅定理。相同的，人死後，物質性的身體不見了，但是它的內涵能量必須還存在，並且是以量子資訊碼的方式，永遠存在宇宙間。

美國羅伯特・蘭札（Robert Lanza）醫學博士，是世界上很受尊敬的科學家之一，《美國新聞與世界》雜誌的封面報導稱他為天才及叛逆的思想家，甚至將他與愛因斯坦相媲美。蘭札與世界上讀者最多的天文學家鮑勃・伯曼（Bob Berman）合著的《生物中心主義：為什麼生活和意識是了解宇宙本質的關鍵》一書中，提出了有關生命意識的革命性觀點，他認為靈魂是永垂不朽的，還曾造成網路上一陣騷動。

「生物中心主義」的主要中心思想為：

● 物質世界是依賴於我們的意識而存在：不是物質世界決定了我們的意識，而是我們的意識決定了物質世界（直接否定進化論）。沒有生命的意識，物質世界就不會真正存在，而只是處在一種不確定性的機率狀態中。

● 宇宙的結構與常數，看起來都是為生命而精細設計：這表示意識比物質還要早就存在。同時時間與空間不是一個東西，而是我們的認知。我們會到處帶著時空，就像烏龜的殼一樣，所以當殼脫落後我們還是會存在。

● 意識不會死亡：我們身體接收意識的方式跟衛星接收訊號是一樣的，沒有身體還是會有意識的存在。意識存在於時空的限制之外，它跟量子能量一樣是非局部性的東西。

而這裡所指的意識，正是那個在著名的「雙縫實驗」中，如鬼魅般神奇的決定實驗結果的「觀察者」。

英國《每日郵報》曾報導，美國亞利桑那州大學意識研究中心負責人和麻醉學與心理學系教授斯圖亞特・哈默羅夫（Stuart Hameroff）博士與英國物理學家羅杰・彭羅斯爵士（SirRoger Penrose）共同提出一項驚人的「量子微管」理論，認為構成靈魂的量子物質，假如離開大腦進入宇宙時，便會出現瀕死經驗。而意識是大腦內一台量子電腦的程式，即使人死後，這個電腦程序仍在運行，這正好說明人為何會出現瀕死經驗。

根據他們的理論，人類的靈魂是存在於腦細胞的微管內。人類的意識活動是這些微管的量子引力效應所造成的，這理論被稱為「調諧客觀還原理論」（Orch-OR）。

哈默羅夫在紀錄片《科學頻道-穿越蟲洞》中表示：「心臟停止跳動，血液停止流動，微管失去了它們的量子態，但微管內的量子資訊並沒有遭到破壞，也無法被破壞，離開肉體後重新回到宇宙。如果患者甦醒過來，這種量子資訊又會重新回到微管，患者會說“我體驗了一次瀕死經驗”。如果沒有甦醒過來，患者便會死亡，這種量子資訊將存在於肉體外，以靈魂的形式。」

哈默羅夫博士進一步認為，靈魂是由宇宙的最基本能量構成的，而人的大腦只是意識的接收轉換器，本身並不產生思想意識，它的主要功能就是接收來自宇宙的資訊並加工處理成語言，再表達出來。

美國加州大學伯克萊分校物理學教授，著名物理學家亨利・P・斯塔

普（Henry P. Stapp）雖然長期從事量子力學研究，但他的意識研究成果也相當豐富，其 1993 年的論文集《精神、物質和量子力學》（Mind，Matter and Quantum Mechanics）中，斯塔普提出了一種心理物理理論（the psychophysical theory），他認為：靈魂存在是符合物理學定律。

2014 年，美國紀錄片《生死與輪迴》，共 4 集 200 分鐘，它從許多全新的層面，用科學的角度，有條理的探索靈魂輪迴的來龍去脈。相較之前 Discovery 科學探索頻道的紀錄片《前世今生——輪迴的故事》，探討的內容較為豐富詳實，觀點較為科學論證。

雖然以上這些理論對靈魂的描述，在現階段還無法得到驗證，不過，這些有智慧的科學家都認為這些理論是可行也值得我們正視，就像 2016 年才證實的引力波一樣，那可是 100 年前愛因斯坦早已提出的理論，卻到如今才被發現。

「全像宇宙投影」理論說明：我們這個世界都只是高維度空間二維資訊碼的投影，而史蒂芬・霍金的黑洞「霍金蒸發及射線」理論說明：當物體進入黑洞時，物體(投影的三維)會被摧毀，但是物體的二維資訊碼，還是存在，而且是散落在黑洞的四周，也就是說高維度空間裡的二維資訊碼是永遠不會消失的。總結兩種理論顯示：

★ 靈魂是在另一個高維度空間裡，我們這個世界只是一幅「三維全像宇宙投影圖」而已。
★ 我們這個世界的物體只是暫時存在，但是靈魂的二維資訊碼是永遠不滅的，否則就違背能量（資訊）不滅定理。

兩個世界，一個可以驗證，一個不可以驗證，偏偏可以驗證的事物本質，皆來自於不可驗證的另一個世界。因為靈魂是儲存在另一空間，現階段物理學還是沒有辦法去驗證的，所以以科學方法去探索靈魂不滅及輪迴的任務，就落在醫學及心理學專家身上。目前探討靈魂不滅及輪迴，是有幾種科學方法：靈魂出竅、瀕死經驗、兒童前世記憶及前世催眠。

靈魂不滅及輪迴轉世，現在已經不再是古老的神話傳說，而是登堂入室的科學真理。近半個多世紀以來，越來越多的美國知名大學的一流醫學及心理學專家都在證明著靈魂不滅及輪迴的存在。

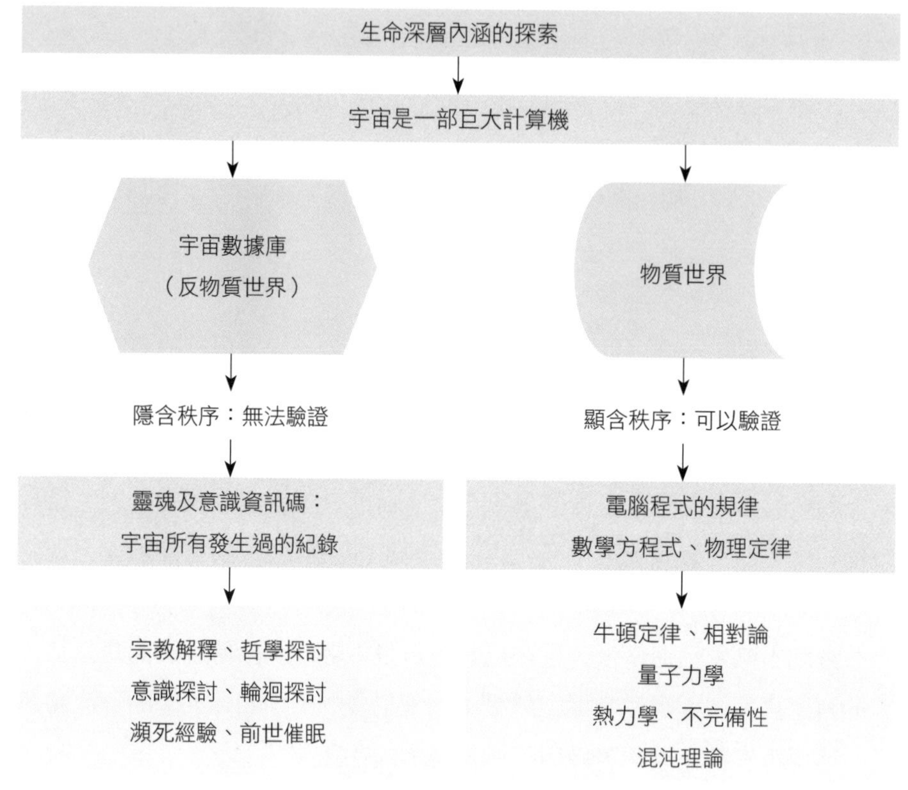

▲ 圖 3.2　宇宙的兩個世界：可驗證及不可驗證

靈魂出竅、瀕死經驗、前世催眠及兒童前世記憶

靈魂出竅、瀕死經驗

瀕死經驗（Near-Death Experience NDE）是指一個人在醫學上已宣告死亡後又活過來，並報告死亡時離開肉體的經驗和經歷死後的世界，就稱為「瀕死經驗」。

雖然傳統醫學將瀕死經驗視為幻覺，但有太多證據都指出事實並非如此。譬如在研究中，就有盲者及多年無法見到光線的人，離開肉體後都可以很正確的描述周圍所發生的事情。此外，也有許多研究者的腦波圖無活動後也能經歷了瀕死經驗，如果是幻覺，照理說腦波圖就應該要有活動。

開創這一潮流的是兩位醫學博士，一個是傑出的精神科醫生伊莉莎白・庫伯勒・羅絲博士（Elisabeth Kubler-Ross），她一生共獲得 19 個榮譽博士學位，另一位是雷蒙德・A・穆迪 (Raymond A Moody)。1975 年，羅絲出版《死的瞬間》，穆迪出版《生命之後的生命》（Life After Life），《生命之後的生命》更是幾年內就在美國暢銷達三百萬冊，並被翻譯成至少 20 種語言。這兩本書對醫學界及身心靈課程有很廣泛的影響。

其中羅絲博士的勤奮寫書與不斷演講，更是提高了世人對瀕死經驗真正內涵的了解程度。像羅絲所認為的「肉體死亡之後，有意識的知覺仍然繼續存在著」一樣，穆迪得出這樣一個結論：這些報告揭示了人死後存在生命事實的個案歷史。

據報導，羅絲博士曾在七十餘位學者的重重監視下，完成不可思議的靈魂出竅。加拿大廣播公司電視記者班斯坦就問她：「博士，妳真的身臨舊金山？」， 羅絲博士說：「 不是身臨而是能到達，能像微波一樣，可以脫出肉體，到達宇宙任何一處。」

1988 年，紐約世界民意測驗研究所進行了「瀕死問題」大規模調查活動，調查發現，有 1500 萬美國人及 500萬德國人聲稱他們有瀕死經驗與感受。現在，國際上的瀕死經驗研究正在發展成為包括醫學、心理學、生物學、社會學等各學科領域的綜合研究，不再僅限於早期所謂的「死後世界的探究」，而是把更多重點放在晚期治療、臨終關懷等方面的研究。

瀕死經驗史專家艾爾塞瑟-瓦拉利諾（Evelyn Elsaesser Valarino）女士，編寫了一本《柳暗花明又一生：瀕死經驗的跨領域對談》，邀集了六位瀕死經驗專家，在研究歸納典型的瀕死經驗後，總結以下幾個階段：

1. 靈魂出竅的經驗。
2. 經過一條隧道。
3. 出現一道耀眼的光芒在隧道盡頭召喚。
4. 遇見象徵絕對之愛的光體。
5. 感受無上的快樂，無以言喻的喜悅和極度的安詳。
6. 遇見已故的親人或神靈嚮導。
7. 看見光之城。
8. 回顧一生（一種無時間性的空間異象，呈現經歷者一生所遭遇的重大事件）。
9. 接觸到絕對知識，但在回到人世後部分或完全遺忘。
10. 確信自己乃是和諧宇宙整體的一部分。
11. 碰到各種代表限制或界線的象徵，一旦越過後便不可能再起死回生。
12. 自願或被迫起死回生。

瀕死經驗研究者發現，除了會有回顧一生的特性外，證據顯示還有轉世的生命計畫的存在。

國際瀕死研究學會的前任理事長，康乃迪克大學心理學教授肯尼斯・蘭恩（Kenneth Ring）博士，他把死亡當作是能量的蛻變，死亡的過程即是一種物質性身體的能量轉化，是人回到另一個更大本體的能量世界裡。他認為瀕死經驗是人闖入一個由「光」及較高層的頻率所構成的世界，那個世界的時間與空間都不存在，感覺像是一個由光與心念互動創造出來的世界。他也發現瀕死經驗的特性之一，就是會有瞬間知識的輸入，也就是回顧一生。

前世催眠

布萊恩・魏斯（Brian Weiss），美國耶魯大學醫學博士，美國著名的精神心理學家。1980 年，魏斯博士對他的女病人凱薩琳，在用盡各種治療方法都不見效後，決定運用催眠，結果一經催眠之後，竟然讓這位女病人開始回憶起前世，其中還有無形的高級靈性大師在旁教導。治療效果不錯，她的原先病症，經前世催眠後有得到改善，為此，魏斯博士還將治療過程寫成一本書：《前世今生》。1988 年，該書一上市，就長期占據暢銷書排行榜，迅速被翻譯成數十種文字，風靡全球！僅在台灣就銷售高達五十萬本。

書中提到，高級靈性大師們經常通過凱薩琳顯現，總共十餘次，每次都出現在死亡後及投胎前之間。談話主要針對生命的真正意義：「我們的任務是學習，豐富知識，成為神那樣的生命。直到我們可以解脫了，然後我們會回來教誨和幫助其他人。」

魏斯博士現場錄音就有這麼幾段話：

「無論怎樣，能初步認識到我們在以不同的身分往返人間(還債或做事)，而我們降生為血肉之軀只是為了愛與學習，這就是進步。」

「人之所以要到世間以肉體形式存在，是為了做事或還債。人來到世間只記得這一生的境遇，而會忘記前生的境遇。在一生中，每一個人都會有不好的習氣嗜好，如貪婪、好色等。你必須要在這一生中克服這些習氣，否則習氣會帶到下一生，而且在下一生更重。債務也是一樣。前生未還清的債務也要帶到這一生來還，而且要還得更多。只有這一生還完了，下一生才能比較輕鬆自在。你下一生的生命境遇，完全是你自己造就的。」

「我們每個人都是平等的，相同的。鑽石都是七彩光耀的，但是由於鑽石上有灰塵，光就不顯了，我們表面的不平等，正如鑽石上的灰塵，厚薄不一樣，而我們的本心就像鑽石都能夠放光芒一樣，是相同平等的。」

另一本暢銷書籍《靈魂之旅》，是由諮詢心理學博士麥克爾・紐頓（Michael Newton）所著，書中特別提到靈魂嚮導，同時他認為心靈有三個層次：

① **今生的「意識」**：是判斷、分析及推理的泉源。

② **前世的「潛意識」**：催眠就是來到這個層次，挖掘前世所有的記憶。

③ **核心的「超意識」**：自我的總指揮，用一種高級的力量來表達自己。死後的所有資訊都來自這個智慧能量的源泉。

在台灣身心靈界非常有名的羅伯特・舒華茲（Robert Schwartz），他的背景是美國企管碩士，在台灣出了兩本很暢銷的書籍——《從未知中解脫》及《靈魂的出生前計畫》。《靈魂的出生前計畫》一書則是透過通靈者訪談事件相關當事人的靈魂，從而了解到重大遭遇事件都是靈魂的出生前計畫，其意義是：生命的苦難是自己的靈魂一手策畫的，在受苦的底下，有更大更深的發願，是勇敢靈魂以肉身來學習與進化的歷程。

在麥可・泰波所著的《全像宇宙投影三部曲》中，提到加拿大多倫多大學的精神學教授惠頓博士（Joel Whitton），是用催眠術來研究前世對今生的影響，他對一個有 30 人的小組成員，實施個別催眠，並用數千小時紀錄了整個催眠過程。

紀錄顯示今生很多習性與天賦，如懼高、怕黑、音樂天才等及很多重大疾病，似乎跟前世的潛意識有關。所有的受催眠者都說生命的意義是學習與成長，並透過輪迴來加速這項過程。

惠頓博士另外發現，當受催眠者在回溯一生後，會在投胎前，先進入一個充滿光芒的空間，並在這裡擬定他們轉世的生命計畫。生命計畫是以補償及道德責任為出發點，會計畫想投胎到那裡，想遇見誰，想碰到什麼意外的事件來體驗以前不懂的道理，想碰見靈魂伴侶，想補償曾虧欠的人等等。譬如一位女士還在生命計畫中籌畫自己在37歲那一年發生一次被強暴事件，目的想藉慘痛的經驗來強迫自己改變。這些現象顯示潛意識不但會引導我們未來的方向，還會依照我們的生命計畫選擇怎麼做。因為潛意識有預知能力，當遇到車禍時，有人選擇避禍，但有人的潛意識則會為了讓你如期完成生命計畫而選擇去體驗一次悲劇經驗。

惠頓博士說：生命中的各種狀況都是自選的，不是隨機，不是不該碰的，都是有道理的，這些都是我們的人生課程。

惠頓博士還說：生命計畫的行程安排好並不表示我們的一生命運已經注定而無法更改，因為我們投胎後會忘記，生命計畫只是一個大概的規劃與方向，還是有可能改變。也就是說：我們的一生早就計畫好，也許不見得是全部，但至少是大部分都計畫好，而且是我們本人參與了這項計畫。

兒童前世記憶

美國維吉尼亞大學醫院的精神學教授史蒂文生博士（Ian Stevenson），則是用 35 年以上的時間，拜訪全球超過三千案例的先天具有前世記憶的兒童。

這些案例顯示我們的個性與命運是受到前世潛意識的影響，而非今世的環境影響，譬如有暴力傾向的人，今生還是很暴躁。我們一生都是受前世累積的業種所影響，跟環境、別人或是其他力量無關。

同時我們為了還前世的人情債，常投胎到前世與我們有糾葛的人身邊。

史蒂文生還有一個稱為「樣板身體」的理論。他發現今生的傷痕胎記是跟前世有關，有一個案例是一位男童記得生前被割喉殺害，果然頸上就有一條像傷痕的長紅痕。另一案例是生前用槍射向腦部自殺，今生在頭的兩邊就有像子彈射進及射出的兩處胎記。

樣板身體理論顯示：我們的身體會受靈魂能量的影響，其實我們都是自己命運與肉體的創造者。

CHAPTER

17

靈魂的策略規劃

我知道，
我不是因為偶然才來到這個世界的，我是主動想來的，
我是為了繼續前生偉大、美好及無私的夢想而來的，
我是通過各種苦樂順逆的體驗來歷練自己而來的，
並由此完善、成長和提升。
——寂靜法師

生命藍圖

依據這些醫學博士的研究，不約而同的指向投胎前都有一生回溯、神靈指導及制定生命計畫的現象。

宇宙是為意識而設計的舞台，這個舞台劇的劇名叫：不斷添加有意義的資訊於宇宙數據庫裡，也就是意識創造宇宙（萬事萬物）。靈魂是初始值，是不生不滅不增不減，每個人的靈魂都是平等一樣的。人會有差異性，就在於從創世紀以來，每個靈魂所產生的有意義資訊的資訊內容不一樣而有所不同，這些資訊量，稱為潛意識，佛稱業，資訊學稱資訊碼，也就是體驗值（經驗值）。就是這些資訊量決定你今生的天性及天賦，甚至影響你的一生。人沒有絕對的自由意志，靈魂有絕對的自由意志，但是靈魂的舞台是在物質世界，會受外在環境的無常變化所影響，會受宇宙電腦的物理定律（業力）所約束（量子貝葉斯模型的前因後果）。因此，為了

最大化的實現在宇宙數據庫裡有意義資訊的添加、儲存和運用，為了提升成長與進化的效率，靈魂跟企業經營管理一樣，也是有靈魂的策略規劃，會在每一世投胎前都要運用企業的策略規劃模式，在釐清靈魂的真正使命後、就擬定中長期策略的生命藍圖及轉世的生命計畫，接著就投胎去體驗及學習成長。

每個結局都是為了下一個過程，
世上的變化都是為了改變自己，
有可以改變及不可以改變的自己，
要先找到最初不可以改變的自己，
靈魂的本質及使命是不可以改變，
所有的改變是為了達成靈魂使命。

企業使命與文化 （永續經營及績效卓越）	生命意義的探索 ↓ 輪迴過程與目的 ↓ 靈魂使命與善念	學習 成長 添加有意義資訊 更正不好與無知的資訊
中長期經營策略	靈魂的生命藍圖	進化提升
年度績效檢討與計畫 ↓ 執行 ↓ 檢討 ↓ 改善	每一世的生命計畫 ↓ 遇見與體驗 ↓ 覺悟與反省 ↓ 改變	設定生命計畫 藉由失去深刻體驗 安排事件的人生學習課程 完全是你自己主導造就的

▲ 圖 3.3　靈魂的策略規劃

整個靈魂策略規劃的步驟如下：

- 在宇宙數據庫中，回溯自己的前生，虛心檢討。
- 帶著覺醒的善念規劃生命藍圖。
- 制定轉世的生命計畫（靈魂的自由意志，佛教稱為「願力」）。
- 投胎。
- 體驗。
- 正確的執行計畫：認識自己及不斷學習成長。

所以，靈魂的命運是由靈魂自己決定，一切都是自己的安排，神及宇宙法則只是提供一個平台。物質世界則提供一個磨練與體驗的環境，一切遇見都是有意義的。時間是宇宙的攪拌者，它讓靈魂只能不斷的往前走，並且這一切的演出，最終還是要靠你自己的體驗、覺悟與改變，經由不斷的成長，才能真正改變你的永生命運。靈魂藉由重生使我們進入另一種不同的知性層面，我們的靈魂是為了學習新知與更新前世的無知，而重生在一具新的肉身之中，然後透過靈魂的自由意志（願力）、業力的前因後果影響及環境的無常變化，聯手去體驗我們這個世界所有發生的事情。每個靈魂都可以根據自己的因緣自由選擇，至於結果是好是壞，那都不重要，重要的是學習，因為整個生命的目的就是為了提升與進化。

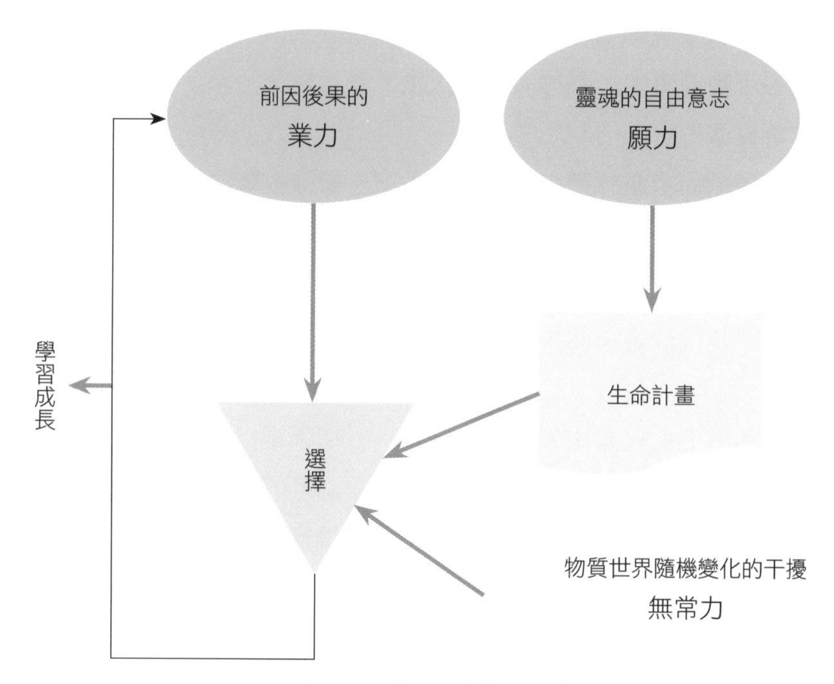

▲圖 3.4　推動命運的的三股力量

認識自己：生命計畫（願力）

就像電子一樣，短期是不確定的波，但是長期還是一種有規律的機率波。

就像混沌理論，過程是無法掌握及不可預測的，但還是有一股寫在程式裡的冥冥之中的力量。

就像費曼的歷史求和與貝葉斯、馬爾可夫過程一樣，生命就是一種選擇後的前因後果，自因自果。

因此，生命是一種過程，雖然過程是充滿無常及不可預測的，但整體生命最終還是具有規律性及目的性。當你把自己過去的幾個看似無關連的轉折點串起來，你依稀能透悟出這個人生軌跡，其實就是你的生命計畫，一切不會是隨機偶發的，而是早就計畫好的。追隨自己的心，跟著自己的命運走，講的就是自己生前制定好的生命計畫（願力）。

每個生命來到這個世界，總有他特定的任務。

生命是一場內在有計畫的生命力與外在隨機性的無常力的碰撞回應過程。

靈魂制定好生命計畫後就投胎，今世的記憶是存放在左腦的緩衝記憶體區，人死了，這些記憶也隨之消失，只有重要資訊早就轉存在宇宙數據庫裡，因此前世的記憶就不會干擾到今生的學習，所以降臨世上時都是一片空白，一切都要從頭開始學起，但累世的天性（外向、自閉、急躁）、特質（冒險、欺騙、自私）及天賦（音樂、數學、藝術）等有意義的重要資訊，仍然儲存在宇宙數據庫裡，這些業種是不會消失，它會永遠跟著你，萬般帶不走，唯有業隨身。

只有當我們學習到一定程度後，才會開始與前世的有意義資訊銜接，一旦銜接對了，人生頓時豁然開朗，開竅了。這些都不是新的東西，只是被你遺忘而已，因為所有我們學過的都會被永遠的保留在宇宙數據庫裡，只是你不知道罷了。

馬克吐溫說：一生中最重要的兩天，是你來到世界上的那一天，和你明白自己為什麼來到這世界的那一天。古希臘人在戴爾菲神殿大門上刻有「認識你自己，凡事勿過度」這幾個字，就是在一直提醒著世人要先認真思考「我是誰？」，也就是生命計畫，也就是靈魂的自由意志的願力。

人生有三重境界，這三重境界，可以用一段充滿禪機的話來說明：

看山是山，看水是水；

看山不是山，看水不是水；

看山還是山，看水還是水。

人生之初是一張純潔無瑕的白紙，這個世界一切都是新鮮好奇的，看見什麼就是什麼，人家告訴他這是山，他就認識了山，告訴他這是水，他就認識了水。但隨著年齡漸長，經歷的世事漸多，他忽然發現這個世界變複雜了，而且爾虞我詐、是非不清。到了這個階段，他不願意再輕易的相信任何人事物。人在這個時候看山看水自然不再是單純的山與水。他不曉得其實這是上天刻意的安排與考驗，目的是要他藉此重新認識自己。

人生若是就這麼停留在這一階段，那就慘了。人就會不停的攀登，與人比較，爭強好勝，機關算盡，永遠不滿足。問題是人外有人，天外有天，短暫生命是有限的，那能永遠的計較呢？許多人到第二階段就到了人生的終點，最後發現自己許多夢想與計畫都沒開始實現，只能遺憾終生。

只有少數人，透過心靈的覺悟，經由認識自己後找到屬於自己的生命計畫，於是專心做自己生命計畫中應該做的事情，不與他人有任何比較，再通過自己的修行，終於把自己提升到了第三重人生境界。

所以——

人生是一場

逐漸認識自己

知道什麼不要

專注喜愛自己

不斷遇見最美自己

的過程。

見山是山 見水是水	無知 純真	純潔無瑕 相信別人説的	心 無我	三維度
見山不是山 見水不是水	迷惑 偏執	不停攀登，爭強好勝 機關算盡 越來越複雜	腦 執我	一維度 （時間）
見山是山 見水是水 （少數人）	回歸 天真	苦難才是人生 當成修行的上天禮物 認識自己及找到天命 越來越簡單，活在當下	心 真我	六維度

▲ 圖 3.5　人生三重境界

生命計畫的目的是為了學習與成長，所以在制定計畫之前，要先做生命計畫的 SWOT 分析（內在優缺點及外在機會威脅的綜合分析），這個分析過程必須先去宇宙數據庫中查看前世業果的來龍去脈與瓜葛關係，分析後，找出須改進或彌補的缺點與不足之處，作為制定計畫的依據，因此才會有回溯一生的情景。接著依靈魂的自由意志擬訂計畫細節，包括計畫想投胎到那裡，想遇見那些人，想碰到什麼意外來體驗道理，想碰見那些靈魂伴侶，想補償那些虧欠的人，想……等等。並且選擇不同的執行模式，如簡單、適中或困難模式，困難模式則可以學習的更多，然後全部輸入到宇宙電腦裡，等你投胎後，宇宙電腦就會依據你的時程計畫一一的安排執行，所以你今生遇到的人，遇到的事情，都是有道理的。**生命計畫的時程安排好並不代表會全部照計畫走，因為願力只是其中一股力量，另外業力與物質世界干擾的無常力，這二股力量也非常強大，所以持續修行及生活簡單以減少外來干擾，都有助於生命計畫的圓滿達成。**

靈魂的體驗、醒悟及改變成長

靈魂的成長舞臺是在物質世界裡，透過生命計畫（願力）、前因後果的業力及物質世界干擾的無常力的三股力量，靈魂就這麼投胎到世上，並藉由生命的體驗來不斷的學習、醒悟、改變及成長，這是生命唯一的目的。人生是一場靈魂來「體驗」的大戲，苦難是生命計畫的勇敢約定與必經之路，所以人生的重點，不是生命計畫，而是**回應**，並將回應後的體驗值添加於宇宙數據庫裡，成為靈魂的一部分，而覺醒後的成長則是回應的最好結局，也是體驗的最終目的。

你的投胎，就相當於靈魂送你一支生命之筆，你想怎麼寫？你來決定，你的回應就是那支筆：愛？恨？愉己？悅人？豐富的？貧乏的？信筆塗鴉的？報恩的？

混沌理論告訴我們，千萬不要讓眼前混亂不規則的物質世界所迷惑，它只是宇宙電腦重複計算的結果，背後還是有一個充滿規則有秩序又整體的世界在操控著，你是帶著重大使命來到這個世界。相信我們內在的那股力量，它是來幫助我們在看似混亂的世界裡找到方向。

體驗是一種成長的過程，當生命是一種體驗的成長過程，那麼結果就不是那麼重要，只要是**體驗值**，不管是成功時得到的經驗或是失敗時學到的教訓，我們都已經算是實質得到過程經驗，那麼就沒有必要去計較結果。真正的失敗，是未曾嘗試過，讓自己今世比前世進步，今天比昨天成長，這才是真正的成功。

靈魂輪迴的目的，就是學習與成長，所以就靈魂而言，學到（體驗）比得到還重要，成長比成功還重要，過程比結果還重要。

一輩子是場修行，短的是旅途，長的是人生。

作者郭子鷹在《最好的時光在路上》一書中曾寫道：旅途，能讓你遇到那個更美的風景，人生，能讓你遇到那個更好的自己。

你愛的人終會失去，只留下曾經愛過。痛苦都是短暫，只留下流過的淚。

人生答案都在過程之中，不在遙遠的未來。

有一段來自印度的智慧語錄是這麼說的——無論你遇見誰，他都是在你生命中該出現的人。這意味，沒有人是因為偶然進入我們的生命。每個在我們周圍和我們互動的人，都代表某種意義。

也許要教會我們什麼，

也許要協助我們改善眼前的一個情況，

生命中發生的人事物，都是來幫助你成長、為你量身定做的。

所以我們要感謝所有——

遇過的每一個人，到過的每個風景，聽過的每首歌曲，看過的每場電影，讀過的每本書籍，流過的每滴眼淚，苦過的每次歷練，陪過的每隻毛小孩。

不管是好是壞，都已經化成**體驗值**，永遠儲存在宇宙數據庫的「**我**」的資料夾裡，成為靈魂的一部分。

在那裡有從零開始的無意識靈魂本體及已經累積了創世紀以來的體驗值資訊——記憶與智慧，非常珍貴，也造就了獨一無二的你。

那些曾經的前世記憶：

刻骨銘心的摯愛，努力不懈的奮鬥過程，峰迴路轉的心歷路程，這些點點滴滴都會永遠儲存著，並深深影響你的一生。

我未來永生的命運，都只跟所有的這一切資訊息息相關，而跟財富及名位無關。

這一切，佛稱「業」，物理學稱「資訊碼」，我稱「體驗值」。

體驗是需要從另一方面來了解，有惡才有善的了解，光明是從黑暗出來的。困境的磨練，就是成長的最佳滋補品，今生的困境，就是前世未完成的功課，都是我們靈魂的召喚。面對困境，你必須改變自己，不然它會成為你的宿命，你的悲劇。經由克服困境，你的命運才會就此改變，宿命或是改變命運就在你的一念之間。苦難是化了妝的祝福，只有不完美才能通向完美，挫折才是成長的滋補品，失去才會是人生很重要很寶貴的階段。

我不僅不逃避困難，還與困難共舞，是為了**回應、體驗與添加有意義的資訊**。

心靈成長最重要的是看你在困境當中的表現。

生命很美，因為它充滿了矛盾。生命不矛盾，就像滋味不是甜就是鹹，但太甜會膩，太鹹受不了，只有甜鹹混合才能帶出美味。

台積電董事長張忠謀先生就曾寫道：「人生不如意十之八九，但決定生命品質的不是八九，而是一二。在面對苦難時能保持正向的思考，能“常想一二”，最後超越苦難，苦難便化成生命中最肥沃的養料。使我深受感動的不是他們的苦難，因為苦難到處都有，使我感動的是，他們面對苦難時的堅持、樂觀、與勇氣。」

體驗的真正意義，可以用這段話來充分表達：

上帝愛你的方式，其實你不知道！

我們向上帝祈求力量，祂卻給我們困難；我們克服了困難就擁有了力量。

我們向上帝祈求智慧，祂卻給我們問題；我們解決了問題就擁有了智慧。

我們向上帝祈求希望，祂卻允許黑暗臨到；我們走出了黑暗就擁有了希望。

我們向上帝祈求成功，祂卻給我們挫折； 我們走過了挫折就擁有了成功。

我們向上帝祈求幸福，祂考驗我們是否懂得包容；我們學會了感恩就擁有了幸福。

我們向上帝祈求財富，祂讓我們發現別人的需求；我們滿足了需求就

擁有了財富。

我們向上帝祈求平安，祂讓我們學會珍惜；我們開始滿足珍惜就擁有了平安。

我們祈求，就給我們，但不一定是按照我們的方式。

有時候，上帝用我們沒有想到的方式，愛著我們。

感恩上帝！

深刻的體驗值會在內在成長過程中不斷的累積而且不會消失，它產生的內在能量是屬於喜悅及幸福感，幸福其實是靈魂的成就。而財富與名位的外在物質，只是一種外在成功的結果，它產生的能量是屬於快樂感，而快樂感會有邊際效用遞減的效應，美食吃多了就會變得不再那麼好吃，快感是來的快又去的快。

量子力學告訴我們，物質世界是暫時存在一瞬間，真實世界是在宇宙數據庫的能量世界裡，死亡只是回歸真實世界的唯一途徑，所有外在的物質影像終要消散，只有經由體驗累積的能量可以永遠保存。

人生終究會要體認到：

①財富值：外在→成功→目標→會失去→貶值（發洩）→快樂感→帶不走。

②體驗值：內在→成長→過程→會累積→升值（昇華）→喜悅感→永遠業隨身。

所以，內在比外在真實，成長比成功優先，過程比目標重要，喜悅比快樂持久，體驗值比財富值更有意義。

生命中的「冥冥之中自有定數」，不是指「命中注定」，而是指這一切的發生都是為你而打造，這一切指的是困境的來臨及無常的發生。生命的意義不是為了成功，而是為了透過不斷的回應這一切，並通過所有的回應，來產生能夠讓我們成長及活出精彩人生的體驗值。事情的發生或許是早已注定，但事情的結果卻是不確性及不可預知的，端看你如何去回應。

上帝不決定你的命運，但可以給予你勇氣與力量。上帝不會直接給你答案，而是丟給你許多問題，讓你自己親身去體驗，最後你會發現，答案不在遠方、不在終點、不在未來，甚至根本沒有，而是在過程、在當下，甚至體驗這件事就是答案。既然未來是不可預測，那何不相信自已，多愛自己，堅信「凡事皆有可能，何不多嘗試多體驗一下」，畢竟這是量子力學（不確定性）及混沌理論（進化過程）的核心理論。

人之將死，其言也善，這是一生回想與生命計畫比較的結果。人有將死的預知能力，這段時間他會昏昏沉沉，其實是開始在做今生的回顧檢討，檢討後就會安詳而去。最後要有放下屠刀立地成佛的覺悟，然後帶著學習及醒悟的成果離開人世，完滿結束這一世重啟下一世。千萬記得，絕對不能自殺，就像貿然強制電腦關機或當機，那會讓很多重要資訊丟失，然後帶著不完整的資訊重生。

宇宙是一個大的遊戲場，六道輪迴就好比每個升級關卡，每個平行宇宙的意識在不同的關卡中，通過業力（控制命運的力量）不斷的發生碰撞和體驗。

雖然遊戲結束了可以重來，但如果技藝不提高，總是會死在同一等級而升不了關。

業力就像電腦桌前那個遊戲者的遊戲功力，它不會消失，永遠跟著你輪迴，它可以進步提升，當然也會墮落退步。

生命的意義，是為了練就一個遊戲者的強大遊戲功力，困境就像「難

度選項」模式，難度越高就能進步越快。

所有的榮華富貴，功名利祿，六親情緣，就像遊戲中的金幣，可以當時用，但是過後就全歸零，正是萬般帶不走，唯有業隨身。

體驗的意義：

體驗的主軸是自己的親身感受，
所以是為了自己，而不是別人，
為了別人不叫體驗，而是旁觀，跟石頭沒兩樣。
愛別人，其實是愛自己，
感恩與分享，最後是回到自己的身上。

EPILOGUE

後記

生命的意義與目的：生命就是成長，生活就是活在當下

電子延遲實驗表明：現在決定過去。
馬爾可夫過程說明：現在的改變才是決定未來命運的關鍵。

意識創造物質，是一種物質不斷生滅的過程，物質世界產生後，瞬間被下一個產生的物質世界所取代。因此，在物質世界裡，唯一真實存在的就只有「現在」的那一瞬間。

所以，如果生命的目的是成長，那麼生活的意義就是活在當下，就是盡情的體驗當下。體驗就是創造新經驗，生活是主動創造的而不是被動被發現的。人生的任何計畫都不可能是完美的，最重要的是，知道如何喜悅的活在當下，在每個瞬間變化中，抓住對生命整體的體驗，這才是人生最重要的。

我個人很喜歡哥德爾的不完備性，如果全部都是完美，沒有比較，那麼完美就沒有意義。不完備讓生命留下缺口，是為了可以不斷尋求完美。所以，完美是在過程及當下體驗，而不是終點，完美過程不一定要有成功

的結果。海明威說：真正的高貴不是優於別人，而是優於過去的自己。真正的成功不是強於別人，而是自己今天比昨天成長。

靈魂來到世上，是為了體驗，然後將體驗值儲存在宇宙數據庫，成為靈魂的一部分，所以體驗是為了自己。我們在這世上，一切都是自己安排，一切都是為了自己。別人只是來幫助你更深的體驗而已，不管是好是壞。

因此，想要好好的活在當下，就必須認識自己、相信自己、喜愛自己以及感恩。

認識自己

推動命運的三股力量：**願力**、**業力**、**無常力**，我們所謂的追尋自我，就是在尋找靈魂在今生的意願，也就是代表願力的生命計畫，同時也在尋找會影響我們一生的業力，也就是我們從創世紀開始，就不停息創造與儲存於宇宙數據庫的體驗值。追尋自我的過程就跟蝴蝶脫殼飛舞一樣，在脫去物質世界的外殼後，才能在永遠真實存在的能量世界裡重生。我們必須先找到這兩股力量，才能有充滿信心與熱情的力量，讓我們可以盡情的與無常力碰撞互動，進而活出自己的精彩人生。所以人生要盡早找出你的生命計畫，然後充滿熱情的完成我們的人生任務：盡可能把自己原有的潛能發揮到極致，盡你全力做你最行最愛的事情。

相信自己

宇宙是虛幻，物質世界是由你的意識產生的，生活是一個創造的過程， 而非發現的過程，所以，宇宙只創造你相信的 。

跟隨自己的心，追隨自己的天命，相信自己，相信所有一切都只為成全自己的生命計畫，然後才能無悔的去接納自己生命中每個相遇的人。

網路上流傳這麼一段話：

那一天，我不再尋找愛情，只是相信的去愛；那一天，我不再渴望成功，只是相信的去做；那一天，我不再追求成長，只是相信的去修。這一切只為修這一世真正的我，那麼，生命的一切才會真正開始！當你相信自己並朝着夢想而行，這時，這種美妙而真實的感覺將遠遠超越你想要的愛情、成功與成長。

相信生命有自己的方向，敢於跟隨內在的聲音。

相信內心有足夠的力量，支持我們跨越所有的困境。

相信一切的發生，都能夠引領我們成長。

喜愛自己

每個靈魂都值得被寵愛，喜愛自己不是那種自私不顧別人只愛自己的愛，而是全然接納自己並且不斷完善自己充實自己的愛。當一個人能愛自己並做好自己之後，就能用更好的狀態去面對未來。

當你愛自己，不斷提升自己的層次後，你就可以義無反顧的去愛，這時你不但不怕被傷害被欺騙，你早已經得到愛情，不管結果如何。體驗愛，不需要結果來證明。

自己內心夠強大，夠自由，就不需要去取悅別人。

所以，你若盛開，蝴蝶自來。你若精彩，天自安排。

美國一名叫博朗尼・邁爾的臨終關懷護士，總結了生命走到盡頭時人們最後悔的5件事情：

最悔：希望當初我有勇氣過自己真正想要的生活。

第二：希望當初我沒有花這麼多精力在工作上，錯過了關注孩子成長

的樂趣，錯過了愛人溫暖的陪伴。

第三：希望當初能有勇氣表達我的感受，而不是長期壓抑憤怒與消極情緒。

第四：希望當初我能和朋友保持聯繫，而沒有因忙碌的生活忽略了曾經閃亮的友情。

第五：希望當初我能讓自己活得開心點，而不是習慣了掩飾，在人前堆起笑臉。

日本一位年輕的臨終關懷護士大津秀一，寫了《臨終前會後悔的25件事》一書。

其中第一個遺憾就是：沒有做自己想做的事。

尼采說：每一個不曾起舞的日子，都是對生命的辜負。生命就是恩寵，存在就是喜悅。無論命運留給我們什麼，我們都要使之鳴奏出最美妙的樂曲。

愛與幸福是一種方法，是一種能力，是動詞；
愛與幸福不是一種東西，不是一個目標，不是名詞；
愛與幸福是去做是去體驗，而不是去追尋，
幸福不在遠方，就在眼前，
愛不需要承諾，要的是行動。

幸福與快樂就是沒有過去，對過去沒有遺憾沒有後悔；
幸福與快樂就是沒有未來，對未來沒有憂慮沒有恐懼；
全然活在當下，放下其他，放鬆一切，專注認識自己及活出精彩。

因此，圓滿的人生態度應該是：
人生是過程，是一場不斷遇見最美自己的旅程，
所以，要勇於不斷嘗試體驗，不要預設立場，
有時，錯誤才能確認真正的成功，
有時，意外人生才是人生關鍵，
然後，以平靜的心，去接受所有不管是成功或是失敗的結果，
因為一切都是最好的安排，一切都是自己的安排，
人生不是得到就是學到，一點也不吃虧，不用斤斤計較，
體驗不需要結果來證明，
總之，活在當下！
Just Do It.

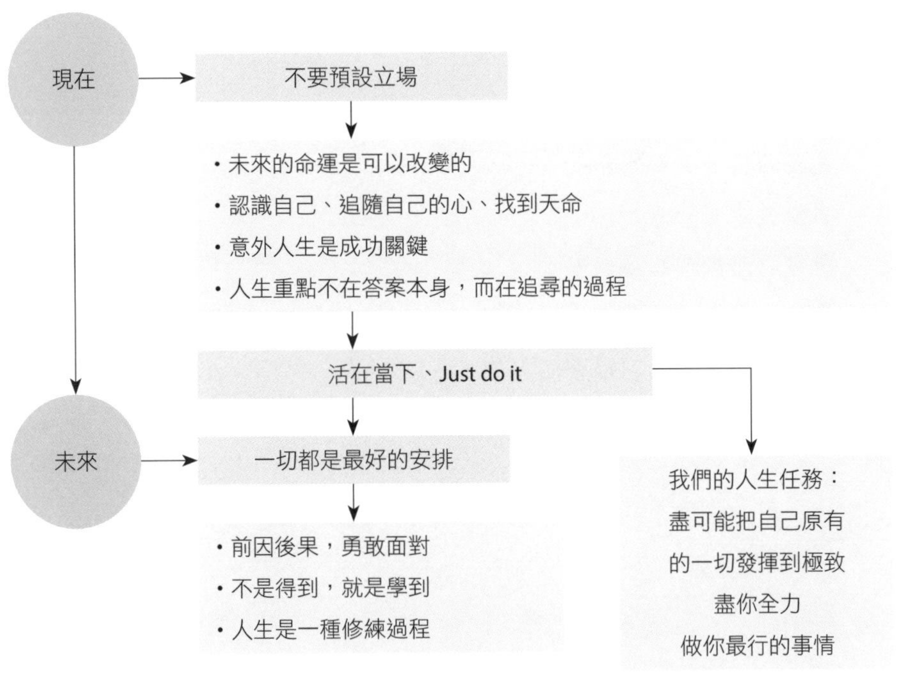

▲ 圖 3.6　我的人生態度

年輕時，預官訓練結束後，當我在基隆韋昌嶺營區即將遠赴前線馬祖的前夕，她送我席慕蓉的這首詩，祝賀我的生日。

這段日子以來，我不知道朗讀了幾百次，每次的感受都不一樣，但是對人生的了解，卻是越來越清晰：生命確實是有軌跡的。

今天我用這首詩，做為整本書的結尾與各位讀者共勉。

席慕蓉〈塵緣〉

不能像

佛陀般靜坐於蓮花之上

我是凡人

我的生命就是這滾滾凡塵

這人世的一切我都希求

快樂啊憂傷啊

是我的擔子我都想承受

明知道總有一日

所有的悲歡都將離我而去

我仍然竭力地搜集

搜集那些美麗的糾纏著的記憶

值得為她活一次的記憶

REFERENCE

參考文獻

物理學類與數學類：

- 《混沌》，詹姆斯・格雷克，高等教育出版社 2014。
- 《虛空》，弗蘭克・克洛斯，重慶大學出版社 2016。
- 《時與光》，苓苓，清華大學出版社 2015。
- 《平行宇宙》，加來道雄，暖暖屋文化事業股份有限公司 2015。
- 《超弦理論》，大栗博司，人民郵電出版社 2015。
- 《無限之書》，約翰・D・巴羅，電子工業出版社 2016。
- 《優雅的宇宙》，布萊恩・格林，台灣商務印書館 2003。
- 《彎曲的旅行》，麗莎・藍道爾，萬卷出版公司 2011。
- 《量子物理史話》，曹天元，八方出版 2014。
- 《穿越平行宇宙》，邁克斯泰・格馬克，浙江人民出版社 2017。
- 《尋找薛定鄂的貓》，約翰・格里賓，海南出版社 2015。

意識與物理學類：

- 《量子佛學》，高月明，河南人民出版社 2013。
- 《皇帝新腦》，羅杰・彭羅斯，湖南科學技術出版社 2007。
- 《量子之謎》，布魯斯・羅森布魯姆及弗雷德・庫特納，湖南科學技術出版社 2013。

- 《量子心世界》，弗雷德・艾倫・沃爾夫，華夏出版社 2013。
- 《靈魂與物理》，弗雷德・艾倫・沃爾夫，台灣商務印書館 1999。
- 《生命是什麼》，埃爾溫・薛定鄂，哈爾濱出版社 2012。
- 《從科學到神》，彼得・羅素，深圳報業集團出版社 2012。
- 《纏繞的意念》，迪恩・雷丁，人民郵電出版社 2015。
- 《物質的神話》，保羅・戴維斯及約翰・格里賓，上海科技教育出版社 2013。
- 《心靈的未來》，加來道雄，重慶出版社 2014。
- 《有意識的心靈》，大衛・J・查默斯，中國人民大學出版社 2012。
- 《生物中心主義》，羅伯特・蘭札及鮑勃・柏曼，重慶出版社。
- 《上帝與新物理學》，保羅・戴維斯，湖南科學技術出版社 2007。
- 《神祕的量子生命》，吉姆・艾爾-哈利利及約翰喬・麥克法登，浙江人民出版社 2016。

資訊類：

- 《信息簡史》，詹姆斯・格雷克，人民郵電出版社 2013。
- 《未來簡史》，尤瓦爾・赫拉利，中信出版社 2017。
- 《終極算法》，佩德羅・多明戈斯，中信出版社 2017。
- 《增長的本質》，塞薩爾・伊達爾戈，中信出版社 2015。

生命科學類：

- 《意念力》，大衛・R・霍金斯，光明日報出版社 2014。
- 《靈魂之旅》，邁克爾・紐頓，華夏出版社 2012。
- 《生命之輪》，伊莉莎白・庫伯勒-羅斯，重慶出版社 2013。
- 《前世今生》，布萊恩．魏斯，張老師文化出版社 2000。
- 《死後的世界》，雷蒙德・穆迪，世界圖書出版社北京分公司 2013。

- 《人生的功課》，伊莉莎白・庫伯勒-羅斯，中央編譯出版社 2010。
- 《下一站，天堂》，伊莉莎白・庫伯勒-羅斯，譯林出版社 2014。
- 《靈魂的生前計畫》，羅伯特・舒華茲，方智出版社 2013。
- 《全像宇宙投影三部曲》，麥可・泰波，潘定凱譯，琉璃光出版社 2013。

紀錄片與Youtube影片：

- 《危險的知識》，全二集，BBC 紀錄片。
- 《生死與輪回》全四集。
- 《宇宙中的上帝》。
- 《超乎想像的宇宙》全四集，布萊恩・格林。
- 《神祕的混沌理論》，吉姆・艾爾-哈利利，BBC 紀錄片。
- 《意識是由大腦產生的嗎？》，布魯斯・格雷遜醫學教授。
- 《前世今生——輪迴的故事》。
- 《全息宇宙-物質背後的秘密》。
- 《摩根費里曼之穿越蟲洞第一季～第六季》。
- 《宇宙真的是為人類存活而精心設計的嗎？》。

網路搜索：

- 搜狗百科。
- 維基百科。
- 台灣 Wiki。
- 百度百科。
- MBA 智庫百科。
- 微信平台。

生命解碼：從量子物理、數學演算，探索人類意識創造宇宙的生命真相／林文欣著. -- 二版. -- 臺北市：八方出版, 2020.04
面；　公分. -- (When ; 21)
ISBN 978-986-381-216-6(平裝)
1.量子力學 2.生命科學
331.3　　109003869

2023 年 09 月　二版 5 刷　定價 NT$ 320

作者／林文欣
編輯／王雅卿、陶樂思
封面設計／王舒玗
美術編輯／菩薩蠻數位文化有限公司
總編輯／洪季楨
發行人／林建仲
出版發行／八方出版股份有限公司
地址／台北市中山區長安東路二段 171 號 3 樓 3 室
電話／(02) 2777-3682　傳真／(02) 2777-3672
總經銷／聯合發行股份有限公司
地址／新北市新店區寶橋路 235 巷 6 弄 6 號 2 樓
電話／(02)2917-8022　傳真／(02) 2915-6275
製版廠／造極彩色印刷製版股份有限公司
地址／新北市中和區中山路2段380巷7號1樓
電話／(02)2240-0333・(02)2248-3904
劃撥帳戶／八方出版股份有限公司
劃撥帳號／19809050